機械工学テキストシリーズ 1

機械力学

吉沢正紹
大石久己
藪野浩司
曄道佳明
　　著

朝倉書店

まえがき

　本書は，慶應義塾大学理工学部で3年生向けに開講される「機械力学」において，15年にわたって行われてきた講義の内容を中心に執筆されている．

　これまで，講義に際して感じられたのは"多くの学生が，1，2年生のとき学んできたはずの力学の知識を十分に活用しきれていない"ということである．たとえば，力学で学んだ"角運動量の時間的変化率が外力のモーメントに等しい"ということを具体的に実感しないまま，機械力学の「剛体の回転運動の方程式」を単なる公式として利用してしまうことが往々にしてみられる．

　しかしながら，学部卒業後に先進諸国の技術者や研究者に加え，中国，インドなどから輩出される優秀な人材と，同じ土俵のうえで"実際にものの動きを考慮に入れて設計をする"，"市販の解析ソフトを駆使して開発を行う"，あるいは"ジャーナルに発表される最新の研究論文を読む"ためには，ものごとの本質を見抜く方法を知っておくことが必要不可欠である．

　本書は"機械システムに生じる力学現象の本質を単純かつ明瞭に理解する力を身につける"ことを目的としている．とくに，剛体力学と機械力学との接点を，精選されたエッセンシャルモデル，つまり対象としている特定の現象を再現できる最も単純なモデルを用いて，素朴に理解できるよう心掛けている．内容的には，きわめてわかりやすい現象から，最初は複雑にみえる現象まで含まれているが，力学的また数学的知識がうろ覚えであったとしても，本書を読み進むうちに理解にたどりつけるよう，それらを復習するための「ツール」と「コラム」を用意し，執筆している．これにより，関連した多くの知識を必要として専門書あるいは機械工学便覧などを読むようになった際には，これを短時間で見通しよく理解できるだけの素養を養えるよう配慮した．

　また，機械力学の専門分野，とくにロボットアームに代表される剛体系の支配方程式の定式化，電磁関連のダイナミクスあるいは流体関連振動に係わる非線形力学現象の先進的解析手法への入門書としても，十分に耐えられる深さを備えている．

　本書は，全7章からなる．第1～3，7章を吉沢が担当し，4章は大石，5章は曄道，6章を薮野が執筆した．

時間的制約がある場合，第 2, 3 章を学び，あとは興味のある章を時間の許す範囲で学習すればよい．第 1 章は，力学現象を理論的に取り扱うオーソドックスな方法をやさしい具体例で示してあり，必要を感じたときに読み返してもよい．

　第 2 章は，質点・質点系の力学の応用例として機械振動の緩和法を取り上げ，その基本的な考え方を明確かつ物理的に解説している．第 3 章では，剛体力学の典型的な例として，軸に固定された回転円板のふれまわり現象を，基礎から素朴に説明している．

　第 4 章では，連続体の力学現象の例としてはりの横振動を取り上げ，はりや弦の非線形横振動問題を取り扱う際にも十分対応できるように記述されている．

　第 5 章では，剛体系の動力学の基礎を学ぶ．とくに反力あるいは拘束力と呼ばれる力に着目した解析手法を紹介している．第 6 章は，電磁力を受ける物体の力学現象の例として，磁気浮上物体の係数励振現象を取り扱っている．物体の振動を励振のメカニズムで大別すると，強制振動，係数励振振動および自励振動に分かれ，第 6 章以外では強制振動のみを取り扱っている．これに対して本章では，先端的研究分野で取り扱われている非線形力学解析の入門的な考え方を織り込んで上述の係数励振振動を解説している．第 7 章は，流体力を受ける物体の力学現象の例として，内部流による連結送水管の座屈現象を取り上げ，流体運動の取り扱いを含めた支配方程式の素朴な立て方を解説している．

　おわりに，著者らを機械力学の世界へと導いていただいた辻岡　康名誉教授，常日頃，何かと相談にのっていただいた杉浦壽彦准教授，TeX のご指導をいただいた野寺隆志教授には心より感謝申し上げる．また，TeX 原稿作成にあたって多くの協力を得た，慶應義塾大学機械力学研究室の皆様，とくに網代惇治君，横山亮太君，谷口　章君に，また本書刊行にあたり粘り強くお骨折りいただいた朝倉書店編集部に，厚く御礼申し上げる．

　2006 年 3 月

著者を代表して
吉沢正紹

　追記：本書は第 2 刷にあたり，式の間違いなど大幅に訂正を行っている．

目　次

1. はじめに　1
1.1　本書の目的 … 2
1.2　力学現象を理論的に把握するための手順 … 2

2. 機械の振動とその緩和法　13
2.1　ばね支持による振動緩和 … 14
2.2　ダンパーによる振動緩和 … 19
2.3　動吸振器による振動緩和 … 22

3. 回転機械の動力学　31
3.1　解析モデルと運動方程式 … 32
3.2　無次元化 … 42
3.3　解　法 … 43
3.4　解の考察 … 44

4. はりの横振動　49
4.1　運動方程式の導出 … 50
4.2　はりの自由振動 … 59
4.3　はりの強制振動 … 64

5. 拘束を伴う剛体系の動力学　71
5.1　スライダ-クランク機構 … 72
5.2　拘束を伴う剛体系の支配方程式の一般的誘導 … 77
5.3　剛体振子の支配方程式の誘導 … 86

6. 磁気浮上物体の上下振動　93

- 6.1 磁気反発力を受ける1自由度モデルと運動方程式……………………… 94
- 6.2 係数励振現象のメカニズム……………………………………… 98
- 6.3 係数励振現象の線形解析………………………………………… 99
- 6.4 非線形解析……………………………………………………………105

7. 連結送水管の座屈現象　115

- 7.1 解析モデルと基礎方程式…………………………………………116
- 7.2 解　法………………………………………………………………121
- 7.3 解の物理的意味……………………………………………………122

演習問題の解答　127
索　引　141

1. はじめに

　本章では，機械システムに発生する力学現象を理論的に取り扱うオーソドックスな方法を学ぶ．とくに，わかりやすい単純なモデルを例として取り上げ，物体の運動を支配する方程式の無次元化，解の物理的意味の考察などを学ぶ．

図 1.1　ニュートンが「万有引力の法則」を発見するきっかけとなったとされる「りんごの木」の子孫（東京大学大学院理学研究科附属植物園）

1.1 本書の目的

IT 社会における先進的な**機械システム**（mechanical system）では，軽量化，高速化，精密化およびコントロールを含む自律化が図られている．このため，機械システムの設計開発は，従来の材料力学的強度計算を主体にしたものから，運動解析と制御を中心にしたものへと大きく変わろうとしている．

このような設計開発を目指すには，機械システムに生じる力学現象の本質的な把握および解明が必要不可欠となる．

本書では，機械システムに生じる代表的な力学現象を取り込んだ**単純なモデル**（エッセンシャルモデル）を考え，その現象をどのように解明していくかを学ぶ．

1.2 力学現象を理論的に把握するための手順

機械システムに発生する力学現象を理論的に取り扱うオーソドックスな方法は，以下の四つの手順からなる．

(a) 最初に，式を立てること，すなわち一般に言われている**モデリング** (modeling) が大切な作業である．この作業には，現象の鋭い観察と深い洞察力を必要とするとともに，知識・経験等が必要不可欠である 文献 (1)．

(b) その次に，方程式を解析的に扱える形，つまり**無次元化** (nondimensionalization) をすることである 文献 (2),(3)．

(c) 無次元化が終わって，解を数学的に求めることが可能になる 文献 (3),(4)．

(d) 最後に，**解の物理的意味** (physical meaning of solution) を理解して，力学現象を理論的に把握するための手順つまり理論解析が完成する 文献 (5)．

以下では，単純な一自由度強制振動系を例に，(b) および (d) に登場する無次元化と解の物理的意味の考察を具体的に説明する．

1.2.1 無次元化

機械システムに発生する力学現象の支配方程式を無次元化する目的は，以下のとおりである．

- ある基準となる状態の**代表尺度** (characteristic scale) との比で，未知関数，独立変数を表す．
- その運動を支配する独立な**無次元パラメータ** (dimensionless parameter) をみつける．

無次元パラメータが求まると，"数値実験（シミュレーション）を含む解析結果や実験結果をどのように整理すべきか？" あるいは "単に幾何学的に相似なだけではなく，力学的に相似な実験モデルをつくるにはどうしたらよいか？" という問に対して，有力な情報を提供してくれる．

図 1.2 に示されるように，水平な基盤上に質量 m の物体が，ばね定数 k のばねで壁に取り付けられている 1 自由度振動系を考える．基盤と物体との間には油膜等があり，物体には c を粘性減衰係数として cdx/dt で表される粘性抵抗が作用するものとする．

周期的外力の実例: 周期的水平外力の実例としては，回転機械における不釣合い質量に起因した遠心力の水平方向成分などがある．

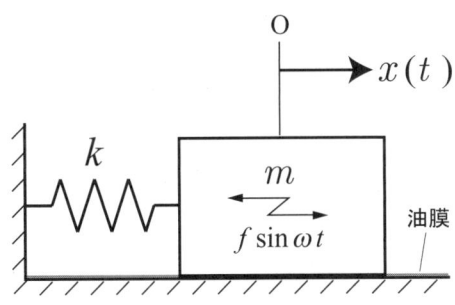

図 1.2 1 自由度の強制振動系

この物体に水平方向の周期的外力 $f\sin\omega t$ が働くとき，物体の水平方向の運動方程式は

$$m\frac{d^2x}{dt^2} + c\frac{dx}{dt} + kx = f\sin\omega t \tag{1.1}$$

で表される．

物体は初期に静止しているものとすると，式 (1.1) の初期条件は

$$x(0) = 0, \qquad \frac{dx}{dt}(0) = 0 \tag{1.2}$$

で与えられる．ここで，物体の静止位置を x 座標の原点にとる．

式 (1.1) および (1.2) を無次元化するための第 1 ステップとして，未知関数 x および独立変数 t の代表尺度を決める．

x の代表尺度 X は，以下のように決める．すなわち式 (1.1) で，物体の加速度，速度は十分に小さく，準静的な状態を基準に取るこ

とにすると

$$kx = f\sin\omega t \qquad (1.3)$$
$$\Downarrow \quad \Downarrow$$
$$kX \sim f$$

となる．これより物体の変位 x の代表尺度 X として，外力による静的な変位量 f/k が求まる．

時間 t の代表尺度 T は，以下のように決める．すなわち式 (1.1) で減衰項と外力項を 0 として，左辺第 1 項と第 2 項が釣り合っている自由振動の状態を基準に取ると

$$m\frac{d^2x}{dt^2} + kx = 0 \qquad (1.4)$$
$$\Downarrow \qquad \Downarrow$$
$$m\frac{X-0}{T^2} \sim kX$$

となり，両項の大きさが同程度であることより時間の代表尺度 T として，1 自由度の振動系の固有周期の代表値 $\sqrt{m/k}\ (\equiv 1/\omega_n)$ が求まる．

なお式 (1.3)，(1.4) のように方程式の各項の大きさを見積もることを，一般に**オーダ評価**（order estimates）と呼んでいる．

第 2 ステップとして，このようにして決められた代表値を用いて，未知数 x および独立変数 t の無次元量 x^* および t^* をそれぞれ

$$x = \frac{f}{k}x^*, \qquad t = \frac{1}{\omega_n}t^* \qquad (1.5)$$

で定義したのち，式 (1.1) を無次元化すると

$$\ddot{x}^* + 2\gamma\dot{x}^* + x^* = \sin\nu t^* \qquad (1.6)$$

となり，式 (1.2) は

$$x^*(0) = 0, \qquad \dot{x}^*(0) = 0 \qquad (1.7)$$

となる．ここで（˙）は無次元時間 t^* についての微分を表す．

式 (1.6)，(1.7) から明らかなように，振動の無次元変位 x^* は，無次元時間 t^* と

$$\gamma = \frac{c}{2m\omega_n}, \qquad \nu = \frac{\omega}{\omega_n} \qquad (1.8)$$

で定義される無次元減衰係数 γ と無次元加振振動数 ν で表される．つまり未知変数 x^* は，独立変数 t^*，無次元パラメータ γ および ν の関数として表されることが明らかになった．

固有周期の代表値とは？：章末の演習問題解答 1.2 に示されるように，式 (1.1) の同次解より固有周期は，基盤と物体間の粘性摩擦を無視した場合に $2\pi/\omega_n$ となる．ここでは，係数の 2π を取り除いた $1/\omega_n$ を固有周期の代表値に取ったことになる．

微分係数のオーダ評価：微分係数のオーダ評価の詳細は本項末のツールに記述してある．慣れるまで面倒であるが慣れると直感的に行うことが出来るようになる．

独立なパラメータの数：有次元の変位は $x(t; m, c, k, f, \omega)$ と表されていたのが，無次元の変位は $x^*(t^*; \gamma, \nu)$ となり，独立なパラメータの数が 5 個から 2 個に減ったことになる．

【例題 1.1】

式 (1.5) を用いて，dx/dt, d^2x/dt^2 を無次元にする手順を示しなさい．

【解答 1.1】

x の t についての一階微分は

$$\frac{dx}{dt} = \lim_{\Delta t \to 0} \frac{x(t+\Delta t) - x(t)}{\Delta t} \sim \frac{\Delta x}{\Delta t}$$

つまり，分子は x の微小変化量 $\Delta x = X \Delta x^*$ で，分母は微小時間 $\Delta t = (1/\omega_n)\Delta t^*$ であることを考慮すれば，

$$\frac{dx}{dt} = \frac{X dx^*}{(1/\omega_n)dt^*} = X\omega_n \frac{dx^*}{dt^*}$$

となることが直感的にわかる．ここで，当然のことながら $X\omega_n$ は変位の時間についての一階微分，つまり速度の単位を持つ．

さらに x の t についての二階微分は，dx/dt の t についての一階微分であると考えれば

$$\frac{d^2x}{dt^2} = \frac{d}{dt}\left(\frac{dx}{dt}\right) = \frac{d}{(1/\omega_n)dt^*}\left(X\omega_n\frac{dx^*}{dt^*}\right)$$
$$= X\omega_n^2 \frac{d^2x^*}{dt^{*2}}$$

となる．ここで $X\omega_n^2$ は加速度の次元を持つ．■

無次元化の方法: 無次元化の方法としては，微分等の物理的意味を考えながら解答 1.1 のように行う場合と，変数変換として別解 1.1 のように行う場合のどちらでもよい．慣れてくると，前者が楽になる．

【別解 1.1】

単なる変数変換と考えて，形式的に

$$\frac{dx}{dt} = \frac{dXx^*}{dt^*}\frac{dt^*}{dt} = \frac{Xdx^*}{dt^*}\frac{dt^*}{dt}$$

に $dt^*/dt = \omega_n$ を代入して

$$\frac{dx}{dt} = X\omega_n \frac{dx^*}{dt^*}$$

としてもよい．二階微分についても，同様に無次元化できる．■

ツール

式 (1.4) における加速度項の見積もり方

式 (1.4) 左辺第 1 項の加速度項 d^2x/dt^2 の大きさの見積もり方は，以下のように考える．すなわち，最初に速度 $v = dx/dt$ を

$$\frac{dx}{dt} = \lim_{\Delta t \to 0} \frac{x(t+\Delta t) - x(t)}{\Delta t} \sim \frac{X-0}{T} \tag{1.9}$$

と見積もる．次に加速度 $dv/dt = d^2x/dt^2$ について

$$\frac{dv}{dt} = \lim_{\Delta t \to 0} \frac{v(t+\Delta t) - v(t)}{\Delta t} \sim \frac{(X/T)-0}{T} \tag{1.10}$$

と見積もることにより，式 (1.4) の加速度項は $d^2x/dt^2 \sim X/T^2$ と見積もることが出来る．すなわち，速度あるいは加速度項の見積もり方は，微分を極限の形で考え，さらに差分で置き換え，その大きさを大局的に捉えることである．

その結果の妥当性確認のための一つの手立てとしては，次元あるいは単位を考えるとよい，いまの場合で言えば，オーダ評価の結果である X/T^2 はまさに加速度の次元になっている．

1.2.2 解の物理的意味

物体の運動方程式 (1.6) の解を求める前に，"式 (1.6) の物理的考察により，時間が十分に経ったのちの定常状態はどのようになりそうか？"を具体的に予測してみよう．

すなわち式 (1.6) において右辺は外力項である．左辺は外力が作用したとき発生しうる力であり，左辺第 1，第 2 および第 3 項は，それぞれ，慣性力，粘性減衰力およびばねによる復元力である．ここで左辺の各力の大きさは，無次元加振振動数 ν の大きさに依存して変化する．

そこで以下のようにして，各項の大きさを評価する．式 (1.6) の定常解は，

$$x^* = A\sin(\nu t^* - \varphi) \tag{1.11}$$

のように置くことが出来る．A および φ は方程式から求まる定数であるが，ここでの物理的考察に先立って求めておく必要はない．

> **振動数：** 本書では特に断わらないかぎり角振動数あるいは円振動数を単に振動数と呼ぶ．

式 (1.6) の各項の大きさは，式 (1.11) を式 (1.6) に代入したのち

$$|\sin(\nu t^* - \varphi)| \sim 1, \quad |\cos(\nu t^* - \varphi)| \sim 1$$

と見なすと，それぞれ

$$\frac{d^2 x^*}{dt^{*2}} + 2\gamma \frac{dx^*}{dt^*} + x^* = \sin \nu t^*$$
$$\Downarrow \quad\quad \Downarrow \quad\quad \Downarrow \quad\quad \Downarrow$$
$$-A\nu^2 \quad 2\gamma\nu A \quad A \quad 1$$

と見積もることができる．

これより $\nu \ll 1$ の場合，式 (1.6) は

$$x^* \sim \sin \nu t^* \tag{1.12}$$

つまり外力と復元力とが釣り合っている．

同様に，$\nu \gg 1$ の場合，式 (1.6) は

$$\ddot{x}^* \sim \sin \nu t^* \tag{1.13}$$

つまり外力と慣性力が釣り合うことになる．

さらに $\nu \sim 1$ の場合には，式 (1.6) において

$$\ddot{x}^* + x^* \sim 0$$

より，慣性力とバネ力とが相殺してしまう．したがって，この場合には式 (1.6) は

$$2\gamma \dot{x}^* \sim \sin \nu t^* \tag{1.14}$$

となり，外力と減衰力とが釣り合うことになる．

【例題 1.2】

加振振動数 ω が非減衰の場合の固有振動数 ω_n に比べて十分に小さい $\nu \ll 1$，同大きい $\nu \gg 1$ さらに加振振動数が固有振動数に近い共振状態 $\nu \sim 1$ の各場合について，式 (1.6) の特解つまり時間が十分に経過したのちの厳密な定常振動解

$$x_p^* = a \sin(\nu t^* - \varphi) \tag{1.15}$$

の近似解を求めよ．ただし，振幅 a および無次元加振力 $\sin \nu t^*$ に対する位相遅れ φ は，それぞれ以下による．

$$a = \frac{1}{\sqrt{(1-\nu^2)^2 + (2\gamma\nu)^2}}, \quad \tan\varphi = 2\gamma\nu/(1-\nu^2) \tag{1.16}$$

外力と釣り合う項の入れ替わり I：式 (1.6) の右辺は外力でありその大きさは 1 で一定であるが，左辺の各項の大きさは無次元加振振動数 ν の大きさに依存して変化する．つまり外力と左辺のすべての項がいつも同程度に釣り合うのではなく，支配的な項が状況に応じて入れ替わる点が興味深い．左辺は外的要因の状況に応じて役割を果しているといえる．

また，これらを式 (1.12)〜(1.14) より得られる定常解と比較してみよ．

【解答 1.2】

式 (1.15) および式 (1.16) において

i) $\nu \ll 1$ の場合：ν^2 が小さいとすれば $a \sim 1$, $\varphi \sim 0$ となり

$$x^* \sim \sin \nu t^*$$

となる．

ii) $\nu \gg 1$ の場合：$1/\nu^2$ が小さいとすれば $a \sim 1/\nu^2$, $\varphi \sim \pi$ となり

$$x^* \sim \frac{1}{\nu^2} \sin(\nu t^* - \pi) = -\frac{1}{\nu^2} \sin \nu t^*$$

となる．

iii) $\nu \sim 1$ の場合：$\nu = 1$ と置くと $a \sim 1/2\gamma$, $\varphi \sim \pi/2$ となり

$$x^* \sim \frac{1}{2\gamma} \sin(t^* - (\pi/2)) = -\frac{1}{2\gamma} \cos t^*$$

となる．

これらは，それぞれ式 (1.12), (1.13) および (1.14) より得られる定常解に，それぞれ等しい．■

> 外力と釣り合う項の入れ替わり II：式 (1.6) の特解つまり時間が十分に経過したのちの定常振動解 (1.15) を求めるには，未定係数法が実用的である．本項末のツール欄に具体的な手順を示しておく．

ツール

常微分方程式の特解の求め方

定数係数線形微分方程式

$$\frac{d^n x^*}{dt^{*n}} + a_1 \frac{d^{n-1} x^*}{dt^{*(n-1)}} + \cdots + a_{n-1} \frac{dx^*}{dt^*} + a_n x^* = h(t^*) \quad (1.17)$$

の右辺が，t^{*m}, $\sin qt^*$, $\cos qt^*$ あるいは e^{pt^*} などの関数を含む場合，その**特解** (particular solution) を未定係数法で求めることができる．

最初に，これらの関数の**族** (family) を，表 1.1 のように定義する．
ここで関数 $h(t^*)$ が複数の**項** (term) からなる場合には，その族は各項に対する族の組み合わせにより構成される．

> **複数の項** 本書で取り扱うような問題では，t^* について高次の項から構成されるような族はほとんど現れない．

1.2. 力学現象を理論的に把握するための手順

表 1.1 項と族の関係

項	族
t^{*m}	$t^{*m}, t^{*(m-1)}, \ldots, t^*, 1$
$\sin qt^*$	$\sin qt^*, \cos qt^*$
$\cos qt^*$	$\sin qt^*, \cos qt^*$
e^{pt^*}	e^{pt^*}

【例】

$t^* \sin 3t^*$ の族は，$\{t^*, 1\}$ と $\{\sin 3t^*, \cos 3t^*\}$ の組み合わせで構成され，

$$t^* \sin 3t^*, \quad \sin 3t^*, \quad t^* \cos 3t^*, \quad \cos 3t^*$$

となる．

以下に，式 (1.17) の代表例として式 (1.6) を取り上げ，未定係数法によりその特解を求める手順を示す．

1. 式 (1.17) の $h(t^*)$ を，各項の族の線形結合で表す．式 (1.6) の場合，項 $\sin \nu t^*$ の族は $\sin \nu t^*, \cos \nu t^*$ である．

2. 微分方程式 (1.17) の**同次解** (homogeneous solution) つまり式 (1.17) の右辺を 0 とした場合の解 $x_h^*(t^*)$ と同じ項をある族が有しているならば，その族に含まれるすべての要素をそれぞれ t^* をかけたものに置き換える．
   式 (1.6) の同次解は $e^{-\gamma t^*} \sin(\sqrt{1-\gamma^2} t^*), e^{-\gamma t^*} \cos(\sqrt{1-\gamma^2} t^*)$ であり，非同次項の族に同次解と同じものはない．したがって式 (1.6) の特解 x_p^* は，A および B を未定係数として

$$x_p^* = A \sin \nu t^* + B \cos \nu t^* \tag{1.18}$$

と置くことができる．

3. 族で構成された特解の式を左辺の微分項に代入し，両辺の係数を比較して未定係数を決定する．すなわち式 (1.18) を式 (1.6) に代入すると以下のようになる．

$$\{(-\nu^2 + 1)A - 2\gamma\nu B - 1\} \sin \nu t^* \\ + \{2\gamma\nu A + (-\nu^2 + 1)B\} \cos \nu t^* = \sin \nu t^* \tag{1.19}$$

ここで，上式が任意の時間 t^* に対して成立するために，$\sin \nu t^*$,

$\cos \nu t^*$ の係数が 0 とならねばならない．したがって

$$(1-\nu^2)A - 2\gamma\nu B = 1$$
$$2\gamma\nu A + (1-\nu^2)B = 0$$

となり，これを A および B についての連立一次の代数方程式とみなせば

$$A = \frac{1-\nu^2}{(1-\nu^2)^2 + (2\gamma\nu)^2}, \qquad B = \frac{-2\gamma\nu}{(1-\nu^2)^2 + (2\gamma\nu)^2} \tag{1.20}$$

と求まる．したがって特解 x_p^* は

$$x_p^* = \frac{1}{(1-\nu^2)^2 + (2\gamma\nu)^2}\{(1-\nu^2)\sin\nu t^* - 2\gamma\nu\cos\nu t^*\} \tag{1.21}$$

あるいは，式 (1.21) を書き改めて，

$$x_p^* = a\sin(\nu t^* - \varphi) \tag{1.22}$$

ただし，振幅 a および無次元加振力 $\sin\nu t^*$ に対する位相遅れ φ は，それぞれ

$$a = \frac{1}{\sqrt{(1-\nu^2)^2 + (2\gamma\nu)^2}}$$
$$\tan\varphi = 2\gamma\nu/(1-\nu^2) \tag{1.23}$$

となる．

定常振動：式 (1.6) と (1.7) の解は，同次解と特解の和で表される．しかし時間が十分に経つと，後述するように，式 (1.21) で示される特解，物理的には定常振動解だけが残る．そしてこの解は定常振動問題の基本的概念をほとんど含んでいるので，何度でも復習して損はない．

第 1 章の参考書

(1) 今井 功, 高見穎郎, 高木隆司, 吉澤 徴 "演習力学" サイエンス社, 1980.
   - ニュートンの運動の 3 法則から出発して, 剛体の運動についても極めて明瞭かつ平易に説明をしている名著.
(2) 江守一郎 "模型実験の理論と応用 (第 3 版)" 技報堂出版, 1985.
   - 無次元化について本格的に取り組んでいる数少ない書籍.
(3) Nayfeh, A. H. "Introduction to Perturbation Techniques" Wiley Interscience, 1993.
   - 非線形振動問題を解くための入門書で, その際に必須の無次元化についてもわかりやすく説明してある.
(4) Hildebrand, F. B. "Advanced Calculus for Applications (2nd. ed.)" Prentice-Hall, 1993 (1st. ed., 1976).
   - 非常にわかりやすく, 物理数学的な解法を記したポピュラーな書籍.
(5) 藪野浩司 "工学のための非線形解析入門:システムのダイナミクスを正しく理解するために" サイエンス社, 2004.
   - 機械工学科出身者が書いた非線形力学の入門書, オーダー評価についても記してある数少ない書籍.

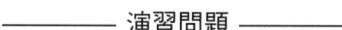
―――― 演習問題 ――――

問題 1.1 図 1.2 の 1 自由度強制振動系における質量 m の物体を質点とみなして, 以下の物体の運動方程式を誘導しなさい.

$$m\frac{d^2x}{dt^2} + c\frac{dx}{dt} + kx = f\sin\omega t \tag{1.24}$$

図 1.2 では, 質点に外力が作用するとき, 質点の運動方程式は**質量×加速度＝外力**と記述されることだけわかっていれば十分である.

問題 1.2 本文中に示す 1 自由度強制振動系の無次元運動方程式

$$\ddot{x}^* + 2\gamma\dot{x}^* + x^* = \sin\nu t^* \tag{1.25}$$

と, 初期条件

$$x^*(0) = 0, \qquad \dot{x}^*(0) = 0 \tag{1.26}$$

を満たす解を求めなさい.

コーヒーブレイク

　この章に登場する**オーダー評価**および**方程式を用いた解の物理的意味の考察**は，現象の支配方程式を解く前に，現象についての情報を得る，現象の本質をより深く理解するための方法である．

　これらの方法は，現象の注意深い観察と洞察力，方程式の物理数学的な知識，さらに力学現象を取り扱う際に方程式の成り立ちを考える習慣を持つことにより，身につけることが出来る．

　したがって，学生時代つまり比較的時間にゆとりのある時期に，多くの力学現象に接して訓練をしておくべき大切な方法であり，大きなアドバンテージとなるであろう．

図 **1.3**　ギリシア文字の書き方と読み方

2.
機械の振動とその緩和法

　電車がレールを，車が道路を，あるいは飛行機が滑走路を走行する際，走行路面の小さな凹凸に起因して走行物体に上下振動が発生する．

　本章では，このような周期的な外力が加わる機械の振動とその緩和法を，**質点の力学** (dynamics of a particle) および**質点系の力学** (dynamics of particles) の簡単な解析モデルを用いて学ぶ．

図 2.1　大型ジェット機の離着陸用車輪取付け部分（ギアー）

2.1 ばね支持による振動緩和

基礎の上に機械を設置するとき,設置された機械に基礎の振動が伝わらないようにする最も自然な方法として,機械と基礎の間に弾性ゴムを入れる,あるいは機械を基礎の上にばね支持することが考えられる.

本節では,図 2.2 に示されるような,質量 m の物体がばね定数 k のばねで基盤上に支持され,基盤が $x_0 = \delta \sin \omega t$ で周期的に振動している 1 自由度振動系を取り上げる.そして,ばね支持による機械の**振動緩和**(vibration relaxation)について学ぶ.

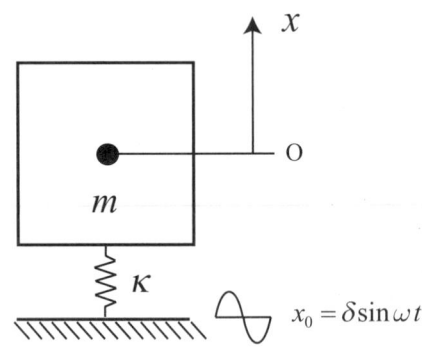

図 2.2 ばね支持による振動緩和

2.1.1 解析モデルと運動方程式

> 2.1, 2.2 節では,第 1 章と同様,質点の力学の基礎知識として,質点に外力が作用するとき,質点の運動方程式は**質量×加速度＝外力**と記述されることだけわかっていれば十分である.さらに深く質点の力学を学びたい場合は,第 1 章参考文献 (1) を参照されたい.

図 2.2 で,物体の上下方向の力の釣り合い式は,物体の上下方向の位置を $x(t)$ とすると

$$m\frac{d^2x}{dt^2} = -k(x - x_0) \tag{2.1}$$

と表される.ここで,重力の影響は無視出来るものと考える.

式 (2.1) は,以下のような 1 自由度の強制振動の方程式の形に書き改められる.

$$\frac{d^2x}{dt^2} + \omega_n^2 x = \delta \omega_n^2 sin\omega t \tag{2.2}$$

式 (2.2) より質点の上下方向の変位 x は,独立変数である時間 t と,パラメータである系の固有角振動数 $\omega_n = \sqrt{k/m}$,加振振幅 δ

および加振振動数 ω の関数，つまり $x(t;\omega_n,\delta,\omega)$ と表されることがわかる．

【例題 2.1】

図 2.2 において，重力の影響を考慮に入れて物体の運動方程式を誘導しなさい．ただし重力加速度は下向きで，その大きさを g としなさい．

【解答 2.1】

物体を吊るして，物体下端のばねが静止基盤上に接触した状態を最初に考える．そして，この状態での物体の位置を，物体の位置座標 x_a の原点に取る．

このとき，物体の運動方程式は

$$m\frac{d^2 x_a}{dt^2} = -k(x_a - x_0) - mg \tag{2.3}$$

と表される．

式 (2.3) は，静止基盤 ($x_0 = 0$) 上に物体が静止しているとき，その位置座標を $x_a \equiv x_{st}$ とすれば

$$0 = -kx_{st} - mg \tag{2.4}$$

となる．上式より求まる $x_{st} = -mg/k$ は，ばね力 $-kx_{st}$ と重力 $-mg$ が静的に釣り合っている状態での物体の位置である．

次に $x_a(t) = x_{st} + x(t)$ と置き，これを式 (2.3) に代入すると

$$m\frac{d^2 x}{dt^2} = -k(x - x_0) \tag{2.5}$$

となり，これは式 (2.1) と一致する．すなわち，図 2.2 おける物体の運動に重力の影響は現れないことがわかる．

■

2.1.2 無次元化された運動方程式

式 (2.2) を無次元化するために，長さの代表尺度として基盤の加振振幅 δ，時間の代表尺度として物体の固有周期の代表値 $1/\omega_n$ を用いて

$$x = \delta x^*, \qquad t = (1/\omega_n)t^* \tag{2.6}$$

と置くと，無次元化された運動方程式

$$\ddot{x}^* + x^* = \sin \nu t^* \tag{2.7}$$

無次元化された運動方程式 (2.7) を見れば，図 2.2 で示されるような系の実験をする場合には，ν だけを実機と合わせて実験を行えばよいことがわかる．

を得る．

ここで，$\nu = \omega/\omega_n$ は基盤の無次元加振振動数である．

1自由度非減衰振動系の強制振動を支配する式 (2.7) から，物体の無次元上下方向変位 $x^*(t^*;\nu)$ は，無次元時間 t^* と無次元加振振動数 ν で記述されることがわかる．

2.1.3 解 法

式 (2.7) の解は，数学的には，右辺の非同次項のない方程式

$$\ddot{x}^* + x^* = 0 \tag{2.8}$$

の解つまり同次解 x_h^* と，式 (2.7) の右辺を満足する特解 x_p^* との和で表される．特解を

$$x_p^* = A\sin\nu t^* \tag{2.9}$$

と置き，これを式 (2.7) に代入して両辺の係数が等しくなるように係数 A を決めると $A = 1/(1-\nu^2)$ となる．したがって，特解つまり物理的には時間が十分経った後の定常振動解

$$x^* = \frac{1}{1-\nu^2}\sin\nu t^* \tag{2.10}$$

となる．

> **特解の求め方**：式 (2.7) における時間の微分が偶数階微分であることより $\sin t^*$ の項だけで，$\cos t^*$ の項はないことがわかる．このことは，素朴に $\sin t^*$ および $\cos t^*$ の項の和として解を求めると，結果的に $\cos t^*$ の項の係数が 0 となる．

2.1.4 解の物理的意味

a. 解の特徴

解の物理的意味を考えやすくするため，式 (2.10) を

$$x^* = a\sin(\nu t^* - \varphi) \tag{2.11}$$

ただし

$$a = \frac{1}{|1-\nu^2|}, \quad \varphi = \begin{cases} 0 & (0 < \nu < 1), \\ \pi & (1 < \nu) \end{cases}$$

のように書き改めておくと便利である．

ここで，a は物体の上下振動の **無次元振幅**（nondimension amplitude），つまり基盤の上下動の大きさに対する物体の上下振動の大きさを意味する．

また φ は位相差，つまり $\nu < 1$ のとき物体の振動が基盤の上下動と同相，$1 < \nu$ のとき反相であることを意味する．図 2.3 の (a) は，

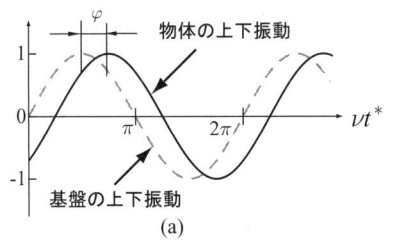 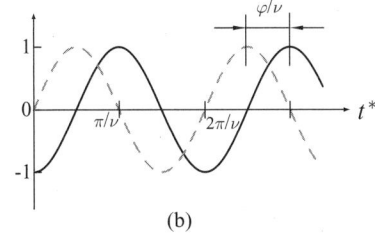

図 2.3　時刻歴の記述方法
（破線：基盤の上下動，実践：物体の上下振動）

任意の φ の場合について横軸に角度に相当する νt^* をとり，基盤の上下動を破線で，物体の上下振動の時間的変化の様相

$$x^*/a = \sin(\nu t^* - \varphi)$$

を実線で示したものである．同図より，φ は基盤の上下動に対する物体の上下振動の位相差（位相遅れ）であることが直感的に捉えられる．なお図 2.3 の (b) は横軸に時間 t^* を取ったもので，この場合，図上の位相差は時間尺度で測ったものであり，その値は φ/ν となる．

図 2.4 に示される共振曲線より，無次元加振振動数 ν が 1 より大きい，つまりばねを柔らかくすると振動振幅は小さくなる．とくにばねを振動緩和材として用いる場合，$\nu \gg 1$ となり，このときの物体の無次元上下動は

$$|x^*| \sim 1/\nu^2$$

となり十分に小さくなる．さらに図 2.5 で，ν が 1 の前後で位相が π だけずれている．これは $\nu < 1$ のとき加振力と物体の運動方向が同じ向きで，$\nu > 1$ のとき加振力と物体の運動方向が逆になることを意味する．

b. ばね支持の効果

ばねが柔らかい，つまり $\nu \gg 1$ のとき，式 (2.7) は

$$\ddot{x}^* \sim \sin \nu t^* \tag{2.12}$$

つまり物体に作用する加振力と物体の慣性力とが支配的になり，その結果

$$x^* \sim -\frac{1}{\nu^2} \sin \nu t^*$$

方程式を用いた解の物理的考察： 方程式の各項のオーダ評価を行うことが主体になり，最初は取り付き難いかも知れない．しかし，いくつかの例題をやることにより慣れると，解の様相が直感的に捉えられ，方程式が単に計算のために存在するのではないことがわかる．究極は，方程式を眺めることにより，解の様相が絵のように見えてくるという研究者もいる．

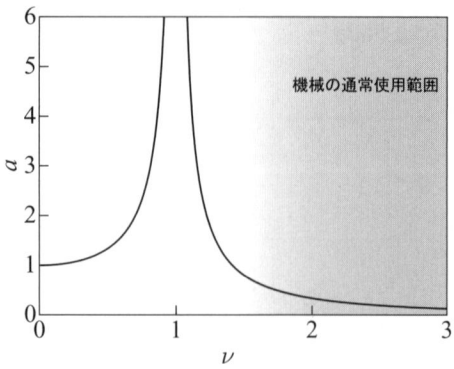

図 **2.4** 加振振動数 ν と振幅 a の関係

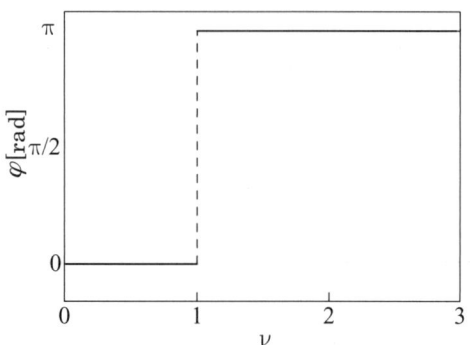

図 **2.5** 加振振動数 ν と位相差 φ の関係

図 2.4, 2.5 を合わせて一般に共振曲線あるいは周波数応答と呼んでいる.

となって，物体の振動振幅は小さくつまり緩和されることを意味する．すなわち振動を緩和するための具体的方策としては，ばねを柔らかくつまり系の固有振動数 $\sqrt{k/m}$ を加振振動数 ω に比べて小さくすればよい．

なお，ばねが硬い，つまり $\nu<1$ の条件下では，直感的にわかるように，ばねを柔らかくしていくと振動の振幅が大きくなる．このことは，ν を大きくしていくと式 (2.7) において

$$\ddot{x}^* + x^* \implies 0 \quad (\nu \to 1)$$

つまり物体の慣性力とばねによる復元力との差が小さくなり加振力 $\sin\nu t^*$ と釣り合う力が減少する結果，物体の振幅が大きくなることを意味している.

無次元加振振動数 ν: $\nu = \omega\sqrt{m/k}$ であることから，有次元の加振振動数 ω を一定にして，ばね定数 k を小さくつまりばねを柔らかくしていけば，ν は大きくなる.

2.2 ダンパーによる振動緩和

前節では，物体と基礎の間のばねを柔らかくして物体の固有振動数に比べ加振振動数が十分に大きくなるようにばね定数を設定できれば，物体に作用する加振力と物体の慣性力とが相殺して物体の振動振幅を十分に小さくすることが可能であることを明らかにした．

しかし加振振動数と物体の固有振動数が等しい場合つまり共振点では，物体の振動振幅は理論上無限大になってしまう．このような共振点では，減衰により振動振幅を抑制することがある程度可能である．以下では，図 2.6 に示されるように，ばね質点系にダンパー (damper) が設置された 1 自由度振動系を取り上げ，減衰による機械振動の緩和について学ぶ．

> **ダンパーの位置：** 図 2.6 のようにダンパーを取り付けた場合，基盤に取り付けた場合と違って，減衰力が直接的には基盤の振動の影響を受けない．この場合，スカイフックダンパーとも呼ばれ，このダンパーと同じ効果を持つような制御量を考え，物体の振動を緩和させることも考えられる．

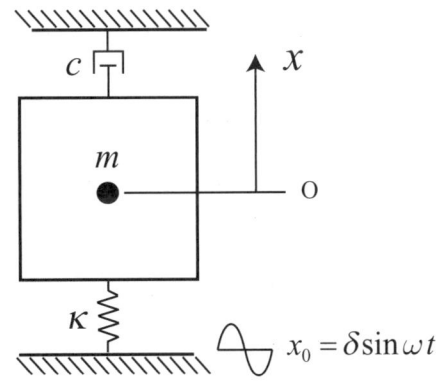

図 **2.6** 減衰による振動緩和

2.2.1 解析モデルと運動方程式

物体に作用する上下方向の力の釣り合い式を立てると

$$m\frac{d^2x}{dt^2} = -k(x - x_0) - c\frac{dx}{dt} \tag{2.13}$$

となる．

これを物体の振動を支配する方程式に書き改めると

$$\frac{d^2x}{dt^2} + \frac{c}{m}\frac{dx}{dt} + \omega_n^2 x = \delta\omega_n^2 \sin\omega t \tag{2.14}$$

となる．ただし c は**減衰係数** (damping coefficient)，$\omega_n = \sqrt{k/m}$ は非減衰の場合の固有振動数である．

式 (2.14) より質点の上下方向変位は，$x(t; \omega_n, c/m, \delta, \omega)$ と表されることがわかる．式 (2.2) から求まる x に比べ，パラメータ c/m が新たに加わる．

2.2.2 無次元化された運動方程式

式 (2.2) を無次元化した場合と同様に，式 (2.14) を無次元化するため

$$x = \delta x^*, \qquad t = (1/\omega_n) t^* \tag{2.15}$$

と置くと，無次元化された支配方程式

$$\ddot{x}^* + 2\gamma \dot{x}^* + x^* = \sin \nu t^* \tag{2.16}$$

を得る．ここで，$\gamma = c/(2\sqrt{mk})$ は無次元減衰係数，$\nu = \omega/\omega_n$ は基盤の無次元加振振動数である．

1 自由度減衰振動系の強制振動を支配する式 (2.16) から，物体の無次元上下方向変位 $x^*(t^*)$ は，t^* と ν に加え無次元パラメータ γ で記述されることがわかる

2.2.3 解　法

式 (2.16) の特解つまり時間が十分経った後の強制振動解を

$$x_p^* = A \sin \nu t^* + B \cos \nu t^* \tag{2.17}$$

と置いて，式 (2.7) の解と同様に未定係数法により求めると

$$x^* = a \sin(\nu t^* - \varphi) \tag{2.18}$$

となる（p.9 参照）．

ただし

$$a = \frac{1}{\sqrt{(1-\nu^2)^2 + 4\gamma^2 \nu^2}} \tag{2.19}$$

は，物体の無次元変位 x^* の振幅であり，加振振動数 ν と振幅 a の関係は図 2.7 に示されるようになる．

φ は非同次項 $\sin \nu t^*$ からの位相遅れで，

$$\tan \varphi = \frac{2\gamma\nu}{1-\nu^2} \tag{2.20}$$

から求まり，加振振動数 ν と位相差 ϕ の関係は図 2.8 に示されるようになる．

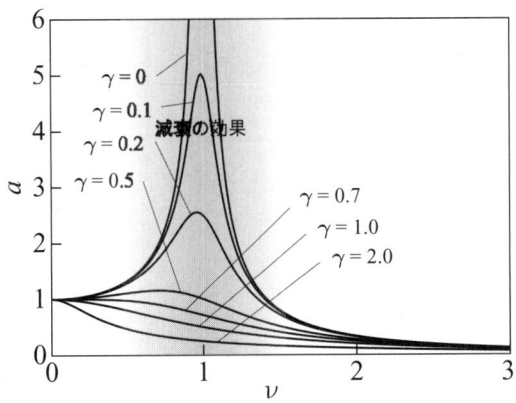

図 2.7 加振振動数 ν と振幅 a の関係

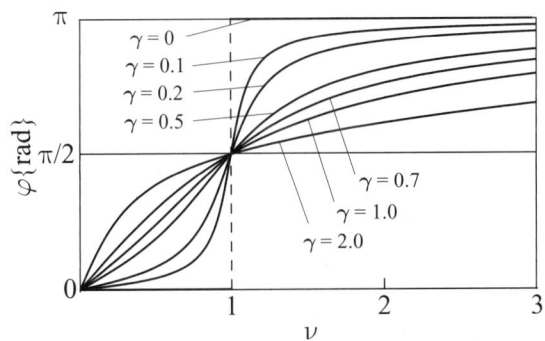

図 2.8 加振振動数 ν と位相差 φ の関係

図 2.4, 2.5 の場合のように，図 2.7 と図 2.8 を合わせて，一般に，共振曲線あるいは周波数応答と呼んでいる．

2.2.4 減衰の効果

$\nu \sim 1$ のとき，$\ddot{x}^* + x^* \sim 0$, つまり物体の慣性力と物体に作用するばねによる復元力が相殺する結果，$2\gamma \dot{x}^* \sim \sin \nu t^*$ つまり減衰力と外力が釣り合い

$$x^* \sim -\frac{1}{2\gamma} \cos t^* \tag{2.21}$$

となるため，共振点では減衰係数を大きくすることで振動を抑えることが出来る．

なお図 2.7 から明らかなように，減衰係数 γ が 1 に比べて小さい場合，共振点以外では減衰が振動の振幅を抑える効果をほとんど期待できない．

共振： 加振振動数が固有振動数に近い場合，物体の振動振幅は非常に大きくなる．このことを共振と呼ぶ．

2.3 動吸振器による振動緩和

物体の振動を抑えるもう一つの考え方として，図 2.9 に示されるように，ばね定数 k_d のばねを介して物体に質量 m_d の付加質量を取り付ける方法がある．

この方法は，付加した振動体の固有振動数 $\sqrt{k_d/m_d}$ を調整して，基盤からの加振力を付加質量の上下振動で吸収するものであり，この振動体を**動吸振器**（dynamic damper）と呼ぶ．

ここでは，動吸振器の効果を発揮するには，固有振動数をどのように決めればよいのかを中心に学ぶ．

> 動吸振器は，通常，回転機械によって生じる定常振動を緩和するのに役に立つ．実際の系では摩擦減衰も作用するが，ここでは動吸振器の基本的なメカニズムを知るため，ダンパーの効果を無視して議論する．

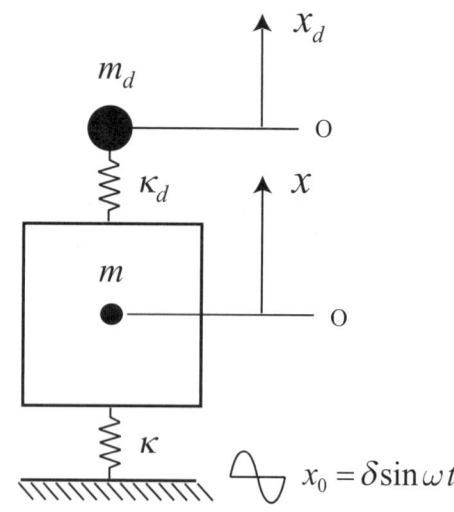

図 2.9 動吸振器による振動緩和

2.3.1 運動方程式

図 2.9 で，物体および動吸振器に作用する上下方向の力の釣り合い式を立てると

$$m\frac{d^2x}{dt^2} = -k(x-x_0) - k_d(x-x_d) \tag{2.22}$$

$$m_d\frac{d^2x_d}{dt^2} = -k_d(x_d-x) \tag{2.23}$$

となる．

これらを物体および動吸振器の上下振動を支配する方程式として

書き改めると

$$\frac{d^2x}{dt^2} + (\omega_n^2 + M\omega_d^2)x = M\omega_d^2 x_d + \delta\omega_n^2 \sin\omega t \qquad (2.24)$$

$$\frac{d^2 x_d}{dt^2} + \omega_d^2 x_d = \omega_d^2 x \qquad (2.25)$$

となる．

すなわち，物体の上下方向変位 $x(t)$ と動吸振器の上下方向変位 $x_d(t)$ は，2自由度振動系の強制振動を支配する式 (2.24), (2.25) からその振動の特性を知ることができる．

ここで，t は時間であり，微分方程式系 (2.24), (2.25) の独立変数である．また $\omega_n^2 = k/m$ は物体の固有振動数，$\omega_d^2 = k_d/m_d$ は動吸振器の固有振動数，そして $M = m_d/m$ は動吸振器と物体の質量比であり，同方程式系のパラメータである．

2.3.2 無次元化された運動方程式

式 (2.24), (2.25) を無次元化するため，長さの代表尺度として基盤の加振振幅 δ，時間の代表尺度として物体の固有周期の代表値 $1/\omega_n$ を用いて

$$x = \delta x^*, \qquad x_d = \delta x_d^*, \qquad t = (1/\omega_n)t^* \qquad (2.26)$$

と置くと，無次元化された支配方程式

$$\frac{d^2 x^*}{dt^{*2}} + (1 + M\Omega^2)x^* = M\Omega^2 x_d^* + \sin\nu t^* \qquad (2.27)$$

$$\frac{d^2 x_d^*}{dt^{*2}} + \Omega^2 x_d^* = \Omega^2 x^* \qquad (2.28)$$

を得る．ここで，$\Omega = \omega_d/\omega_n$ は動吸振器の無次元固有振動数である．すなわち，物体の無次元上下方向変位 $x^*(t^*)$ と動吸振器の無次元上下方向変位 $x_d^*(t^*)$ は，2自由度振動系の強制振動を支配する式 (2.27), (2.28) からその振動の特性を知ることができ，

$$x^*(t^*; \Omega, M, \nu), \qquad x_d^*(t^*; \Omega, M, \nu) \qquad (2.29)$$

と表されることがわかる．

この段階で，物体および動吸振器の運動つまり上下方向の変位が，無次元時間 t^* と，動吸振器の無次元質量 M，同無次元固有振動数 Ω および無次元加振振動数 ν の三つの無次元パラメータで支配されることがわかる．

物体および動吸振器の運動は，支配方程式を立てた段階つまり式 (2.22), (2.23) で，パラメータとして $m, k, m_d, k_d, \delta, \omega$ の6個で支配されることがわかる．そして方程式形を無次元化することにより，最終的には，3個の独立な無次元パラメータ M, Ω, ν について調べればよいことがわかった．

式 (2.7) の特解を求めたときと同様に，式 (2.27), (2.28) における時間の微分が偶数階微分であることより sin の項だけで，cos の項はないことがわかる．このことは，素朴に sin および cos の項の和で表して解を求めると，結果的に cos の項の係数が 0 となることから，その意味が実感される．

2.3.3 解法

式 (2.27), (2.28) の特解つまり時間が十分経った後の強制振動解を

$$x^* = A \sin \nu t^*, \qquad x_d^* = B \sin \nu t^* \qquad (2.30)$$

と置いて，これらを式 (2.27), (2.28) に代入して，$\sin \nu t^*$ の係数が 0 になるように A および B を求めると

$$A = \frac{\begin{vmatrix} 1 & -M\Omega^2 \\ 0 & \Omega^2 - \nu^2 \end{vmatrix}}{\begin{vmatrix} 1+M\Omega^2-\nu^2 & -M\Omega^2 \\ -\Omega^2 & \Omega^2-\nu^2 \end{vmatrix}} \qquad (2.31)$$

$$B = \frac{\begin{vmatrix} 1+M\Omega^2-\nu^2 & 1 \\ -\Omega^2 & 0 \end{vmatrix}}{\begin{vmatrix} 1+M\Omega^2-\nu^2 & -M\Omega^2 \\ -\Omega^2 & \Omega^2-\nu^2 \end{vmatrix}} \qquad (2.32)$$

となる．

したがって，$\Omega^2 = \nu^2$ のとき，$A = 0$ つまり物体の振動は静止する．

無次元パラメータを $M = 0.2$, $\Omega = 1$ とした時の加振振動数 ν と振幅 A, B の関係は図 2.10，および図 2.11 に示されるようになる．なお図 2.10 の破線は $M = 0$ とした時，すなわち主振動系のみの共振曲線である．

> クラーメルの公式： 式 (2.31) および (2.32) で表される A, B は，素朴に求めて全く問題ない．ここでは，研究論文あるいは汎用ソフトで用いられている代数連立方程式の線形代数的解法にも慣れるため，クラーメルの公式 $A\boldsymbol{x} = \boldsymbol{b} \Rightarrow \boldsymbol{x} = A^{-1}\boldsymbol{b}$ から求めた解形式で表した．

2.3.4 動吸振器の効果

共振曲線 $\Omega^2 = \nu^2$ のとき，$x^* = 0$ であることより，無次元化された運動方程式は

$$0 = M\Omega^2 x_d^* + \sin \nu t^* \qquad (2.33)$$

$$\frac{d^2 x_d^*}{dt^{*2}} + \Omega^2 x_d^* = 0 \qquad (2.34)$$

となる．両式より x_d^* を消去すると

$$M \frac{d^2 x_d^*}{dt^{*2}} = \sin \nu t^* \qquad (2.35)$$

つまり付加質量の慣性力が外力と釣り合い，物体の振動が止まることがわかる．

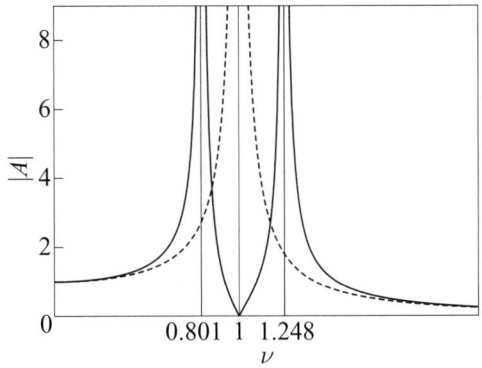

図 **2.10** 加振振動数 ν と振幅 A の関係

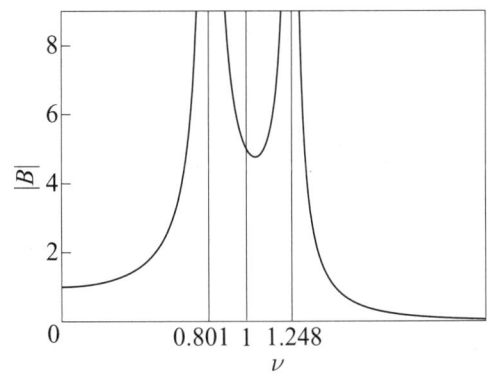

図 **2.11** 加振振動数 ν と振幅 B の関係

ところで，図 2.9 で物体が静止しているにもかかわらず，付加質量が振動するのは，一見不思議に思えるであろう．このことは以下のように解釈できる．すなわち，動吸振器の無次元固有振動数 Ω が無次元加振振動数 ν に等しいとき，式 (2.33) を有次元に再変換すると，

$$0 = k_d x_d + k x_0$$

つまり，基盤の周期的振動が，ばね定数 k のばねを介して物体に与える力 $k x_0$ と，動吸振器がばね定数 k_d のばねを介して物体に与える力 $k x_d$ が，釣り合っていることを意味している．そして，式 (2.34) を有次元に再変換すると，

$$m_d d^2 x_d / dt^2 = -k_d x_d$$

つまり動吸振器の慣性力 $m_d d^2 x_d / dt^2$ がばね定数 k_d のばねを介して物体から動吸振器に伝わる力 $-k_d x_d$ と釣り合っていることを意

味している．その結果，動吸振器から物体に作用する力と基盤の周期的振動に起因した力が釣り合うことになる．

すなわち物体は動かなくても反力が発生して，これらが釣り合っていることを物理的には意味している．

なお，このとき付加質量の無次元振幅は

$$B = -\frac{1}{M\Omega^2} = -\frac{1}{M\nu^2} \tag{2.36}$$

となる．

第 2 章の参考書

(1) 谷口　修 "振動工学" コロナ社，1968．
  - 式の計算をやさしく書いてある．
  - 物理的意味が一部やや不足している．
(2) 松平　精 "基礎振動学〔復刻版〕" 現代工学社，1971．
  - 奥の深い，かつ専門性の高い国内での名著．
  - 数学的な記述が一部やや古い．
(3) 戸田盛和 "振動論" 培風館，1968．
  - 機械振動に限らず，幅広い視野を養える．
  - 一部にややはしょった数学的記述がある．
(4) Meirovitch, L. "Elements of Vibration Analysis" MacGRAW-HILL KOGAKUSHA,LTD，1975．
  - 国際的に最もポピュラーな振動学の教科書の一つである．
  - 有限要素法を含む振動学の広範囲の領域を網羅している．

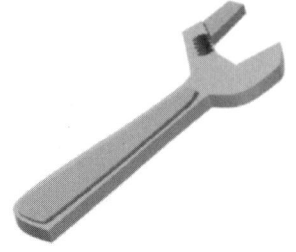

演習問題

問題 2.1 路面に波長 $\lambda = 10(\mathrm{m})$,振幅 $\delta = 1(\mathrm{cm})$ の周期的な凹凸があるとき,時速 $v = 72(\mathrm{km/h})$ で走行する物体が,路面から受ける上下変動 $x_0(t)$ を求めなさい.

問題 2.2
(a) 本文中の式 (2.7) の特解が式 (2.10) となることを未定係数法で求めなさい.

(b) $\nu = 1$ つまり固有振動数と加振振動数が等しい場合,この特解は

$$x^* = -\frac{t^*}{2}\cos t^* \tag{2.37}$$

となることを示しなさい.式 (2.37) で示されるような解は,$t^* \to \infty$ のとき $|x^*| \to \infty$,つまり解の大きさが時間の経過と共に無限大になる.このような解を**永年項** (secular term) と呼び,第 6 章の非線形解析のところで大事な役割を果たす.

問題 2.3 図 2.12 に示される機械系の共振点付近でのダンパーの効果を理論的に考察してみよう.

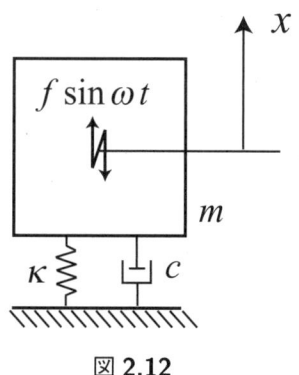

図 2.12

(a) [運動方程式と各項の物理的意味]

物体の上下振動は

$$m\frac{d^2 x}{dt^2} + c\frac{dx}{dt} + kx = f\sin\omega t \tag{2.38}$$

で記述される.上式の各項の物理的意味を簡潔に説明しなさい.

(b) [式の無次元化]

(i) 式 (2.38) を無次元化する目的を簡潔に記しなさい.

(ii) 無次元化の第1ステップとして，未知関数 x および独立変数 t の代表尺度を決める．以下の ☐ のなかを埋めなさい．

x の代表尺度としては，式 (2.38) の左辺第3項 kx と右辺 $f\sin\omega t$ が釣り合っているとして，x の代表尺度 X を ☐(1)☐ に取ることにしよう．

時間 t の代表尺度 T は，以下のようにして決められる．すなわち式 (2.38) の左辺第1項を

$$m\frac{d^2x}{dt^2} \sim m\frac{X-0}{T^2}$$

同様に式 (2.38) の左辺第3項を

$$kx \sim kX$$

と見積もることからこの二つの項が同程度になる状況を考えると

$$\boxed{\quad (2) \quad}$$

となる．これより時間の代表尺度 T は，☐(3)☐ となる．なおこのように方程式の各項の大きさを見積もることを，一般に ☐(4)☐ と呼んでいる．

(iii) 第2ステップとして，このようにして決められた代表値を基準の尺度にして，未知数である物体の変位 x および独立変数である時間 t の無次元量をそれぞれ $x = X\xi$, $t = T\tau$ と定義したのち，式 (2.38) を無次元化すると

$$\ddot{\xi} + 2\gamma\dot{\xi} + \xi = \sin\nu\tau \tag{2.39}$$

となる．ただし ($\dot{\ }$) は無次元時間 τ についての微分を表す．

したがって式 (2.39) から明らかなように，物体の無次元変位は $\xi(\tau;\gamma,\nu)$ と表される．

ここで，独立な2つのパラメータである無次元減衰係数 γ と無次元加振振動数 ν を有次元のパラメータ m, c, k, f, ω で表しなさい．

(c) [解の物理的意味]

(i) 式 (2.39) において，共振点付近つまり $\nu \sim 1$ のとき式 (2.39) の左辺第 ☐(5)☐ 項と第 ☐(6)☐ 項が相殺することにより，物体の無次元変位 ξ は ☐(7)☐ となる．☐ 内を式で埋めなさい．

(ii) 前問で得られた共振点付近での物体の変位を有次元で表しなさい．

問題 2.4 質量 m の物体（機械システム）の振動を緩和させる方法として，

(i) 基礎と物体との間に，ばね定数 k のばねを入れる方法（図 2.13(a)）

(ii) 基礎と物体との間に，上記のばね以外に減衰係数 c のダンパーを入れる方法（図 2.13(b)）

(iii) 機械システムに，ばね定数 k_d のばねを介して質量 m_d の質点を取り付ける方法（図 2.13(c)）

の三つの方法が考えられる．

上記の各場合について，(a) 重力の影響を無視して物体（ただし (iii) は付加質量の運動方程式を含む）の運動方程式を立てなさい．そして得られた方程式の物理的考察から，(b) これらの方法がどのような状況にある物体の振動を緩和するのに最適か，(c) 緩和された物体の振動振幅はどの程度になるか，簡潔に記しなさい．

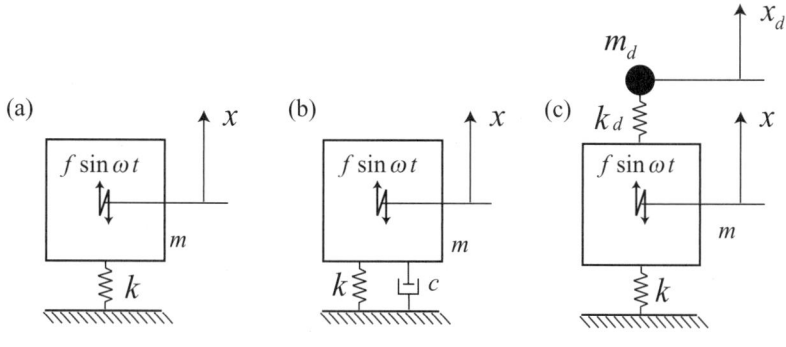

図 2.13

コーヒーブレイク

無次元化は，最初，単位を持たない量で方程式を表しておけば，

- 方程式に含まれるパラメータの数が減る．
- 方程式がすっきりした形になる．

と単純に考え，特別に意識しないでもよい．

そして

- 無次元化が一通りでない．
- 無次元化すると方程式がかえってわかりにくくなる．

ことに悩んだときに，改めて無次元化の意義を考えればよい．

たとえば，2.1 節の式（2.2）のような簡単な例でも，時間の代表値が二つあり，どれを選ぶかによって，無次元方程式の形が異なってくる．すなわち，式（2.2）を無次元化するため，時間の代表尺度として物体の固有周期の代表値 $1/\omega_n$ の代わりに基盤の加振周期の代表値 $1/\omega$ を用いて

$$x = ax^*, \quad t = (1/\omega)t^*$$

と置くと，無次元化された運動方程式は式（2.7）の代わりに

$$\ddot{x}^* + \Omega^2 x^* = \Omega^2 \sin t^*$$

ただし，$\Omega = \omega_n/\omega$ となる．

無次元化とは，

- 自分が何を知りたいか．
- その現象の本質は何であるか．

を知ってはじめて出来るものである．したがって，通常，無次元化は何度かやり直すもので，大げさに言えば最後に決まるものである．

3.
回転機械の動力学

　発電用タービンなどの回転体では，回転体の質量中心が回転軸から僅かにずれて取り付けられている．これを**偏心** (eccentricity) と呼ぶ．偏心に起因した遠心力が特定の回転数で回転体に大きなふれまわりを起こすことがよく知られている．

　本章では，**剛体の力学** (dynamics of a rigid body) の最も簡単な応用例の一つとして，次頁以降に示される単純な回転体のふれまわりと危険速度について学ぶ．

図 3.1　発電用の L20A ガスタービン（提供　川崎重工業（株））

3.1 解析モデルと運動方程式

本節では，図 3.2 に示されるように，両端を単純支持された回転軸のスパン中央に質量 m の円板が取り付けられた回転体を対象にして，回転円板の面内ふれまわり運動の支配方程式を導く．

平面の呼び方： 図 3.2 において，x 軸および y 軸を含む平面を，ここでは xy 平面と呼ぶことにする．面の呼び方は，面に垂直な方向ベクトルの方向を用いて呼ぶこともあり，その場合には xy 平面を単に z 面と呼ぶ．

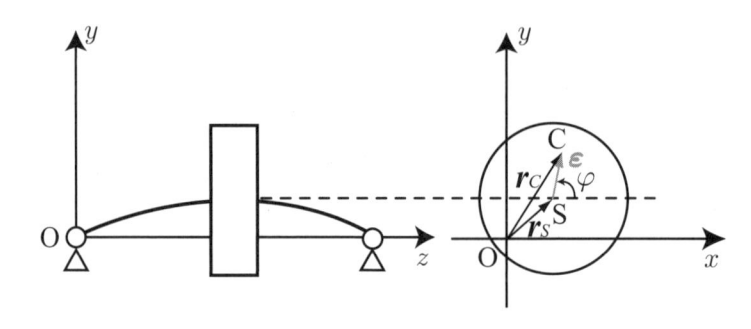

図 3.2　スパン中央に円板を持つ回転軸

ここで回転軸の質量は円板の質量に比べて無視できるものとし，円板は S 点で回転軸に固定され，質量中心 C 点は軸心 S 点から ε だけ偏心しているものとする．そして円板は z 面内で平面運動をする場合を考える．

偏心量： 偏心ベクトル ε の大きさ $|\varepsilon|$ を偏心量 ε と呼び，一般には，回転円板の平均的な半径の 10^{-3} 以下とされている．

このような単純な回転体のモデルをジェフコットロータ（Jeffcot rotor）と呼び，ロータダイナミクスのエッセンシャルモデルになっている．

3.1.1 運動方程式

図 3.3 における回転円板を剛体とみなしたとき，回転円板の運動方程式は，本項末のツール欄に具体的に示されているように

- 運動量の時間的変化率が外力の総和に等しい．
- 空間内の任意の一定点周りについて，角運動量の時間的変化率が外力のモーメントの総和に等しい．

ことから求まる．

剛体の運動方程式の誘導： 剛体運動の方程式を立てることは億劫であるが，慣れることが大切である．

すなわち最初に，回転円板の運動量の時間的変化率が，回転円板に作用する外力の総和に等しいことより

$$\int \frac{d^2 \boldsymbol{r}}{dt^2} dm = -k\boldsymbol{r}_S \tag{3.1}$$

と表される．

式 (3.1) で，$\boldsymbol{r}$ は，質量が dm である回転体の微小部分の**固定座標系** (fixed system of co-ordinates) の原点 O からの位置ベクトルである．

また右辺の外力 $-k\boldsymbol{r}_S$ は，回転軸に横たわみが発生したときの復元力をスパン中央の横たわみ量に比例したばねによる復元力と等価なものと考えたものであり，k はこのときの等価ばね定数である．

軸心 S: 図 3.2, 3.3 において位置ベクトル $\boldsymbol{r}_S$ で示される S 点は，回転円板が回転軸に固定されている点であり，ここでは軸心と呼ぶことにする．教科書によっては，回転円板の図心と呼ぶ場合もある．

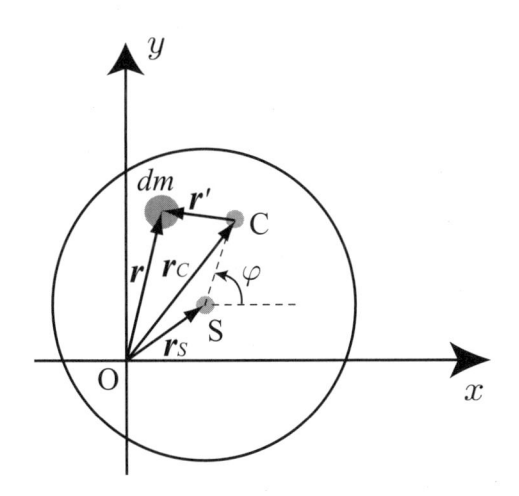

図 **3.3** 回転円板上の微小部分

次に，回転円板の静止座標原点 O 点周りについて，回転円板の角運動量の時間的変化率は，回転円板に作用する外力の O 点周りのモーメントに等しいことより

$$\frac{d}{dt} \int \boldsymbol{r} \times \frac{d\boldsymbol{r}}{dt} dm = (M_a - M_r)\boldsymbol{k} \tag{3.2}$$

と表せる．

式 (3.2) で，M_a は，回転軸の一端に取り付けられた原動機等から伝えられる駆動トルクである．これに対して，M_r は，回転軸の両端にある軸受け部分の摩擦抵抗あるいは回転円板に作用する流体抵抗など，いわゆる摩擦抵抗トルクあるいは負荷トルクと呼ばれるものである．

トルク: トルク $\boldsymbol{M}$ は，力のモーメント $\boldsymbol{N}$ と同じベクトル量であり，その単位は力 (Force) × 長さ (Length) である．ただし，トルクの場合にはどのような力によるかを問わない点に，力のモーメントとの違いがある．回転体の代表例であるタービンの場合には，回転円板の周囲から円周方向に流体力が作用して駆動トルクが発生する

> **ツール**
>
> **剛体運動の方程式**
>
> 一般に剛体の運動方程式は以下のように表現される．すなわち，最初に剛体の**運動量** (momentum) を $\boldsymbol{P} = \int \boldsymbol{v} dm$，剛体に作用する外力の総和を $\boldsymbol{F}$ とすれば
>
> $$\frac{d\boldsymbol{P}}{dt} = \boldsymbol{F} \tag{3.3}$$
>
> が成り立つ．ただし $\boldsymbol{v} = d\boldsymbol{r}/dt$．次に，空間内の任意の一定点 O 点周りの**角運動量** (angular momentum) を $\boldsymbol{L} = \int \boldsymbol{r} \times \boldsymbol{v} dm$，剛体に作用する外力のモーメントの総和を $\boldsymbol{N}$ とすれば
>
> $$\frac{d\boldsymbol{L}}{dt} = \boldsymbol{N} \tag{3.4}$$
>
> が成り立つ．
>
> 剛体の運動の自由度は三次元空間において 6 個であるから，式 (3.3) と (3.4) の 6 個の方程式 (各成分) と初期条件
>
> $$\boldsymbol{P}(0) = \boldsymbol{P}_0, \qquad \boldsymbol{L}(0) = \boldsymbol{L}_0 \tag{3.5}$$
>
> から，その運動は決定される．

3.1.2 運動の分解

式 (3.1) は，**質量中心** (center of mass) C に全質量を持つ質点の並進運動についての力の釣り合い式

$$m\frac{d^2 \boldsymbol{r}_C}{dt^2} = -k\boldsymbol{r}_S \qquad [質量中心の並進運動] \tag{3.6}$$

に帰着する．ここで質量中心ベクトル $\boldsymbol{r}_C$ は

$$\boldsymbol{r}_C = \frac{\int \boldsymbol{r} dm}{m} \tag{3.7}$$

と定義される．

式 (3.1) から式 (3.6) の誘導は，回転体のふれまわり運動を理解する上で本質的なものではない．しかし剛体の力学を自分のものにす

剛体運動の分解：本項末のツール欄に記してあることが，剛体運動の分解の基本事項である．

【例題 3.1】

図 3.3 を参照しながら，式 (3.1) から質量中心の運動方程式 (3.6) を誘導しなさい．

【解答 3.1】

図 3.3 で，微小質量 dm の部分の位置ベクトル $\boldsymbol{r}$ を

$$\boldsymbol{r} = \boldsymbol{r}_C + \boldsymbol{r}' \tag{3.8}$$

と書き改めて，これを式 (3.1) の左辺に代入すると

$$\int \frac{d^2 \boldsymbol{r}_C}{dt^2} dm + \int \frac{d^2 \boldsymbol{r}'}{dt^2} dm = -k\boldsymbol{r}_S \tag{3.9}$$

となる．

上式の左辺第 1 項は，$\boldsymbol{r}_C$ が時間だけの関数であることより，被積分関数を積分の外に出すことが出来て

$$\int \frac{d^2 \boldsymbol{r}_C}{dt^2} dm = \frac{d^2 \boldsymbol{r}_C}{dt^2} \int dm = m\frac{d^2 \boldsymbol{r}_C}{dt^2} \tag{3.10}$$

のように積分が出来る．

式 (3.9) の左辺第 2 項は，$\boldsymbol{r}'$ だけが時間の関数であることより

$$\int \frac{d^2 \boldsymbol{r}'}{dt^2} dm = \frac{d^2}{dt^2} \int \boldsymbol{r}' dm \tag{3.11}$$

のように，積分と微分の順序を入れ替えることが出来る．ここで，質量中心の定義式 (3.7) を書き換えた式

$$m\boldsymbol{r}_C = \int \boldsymbol{r} dm \tag{3.12}$$

の右辺に，式 (3.8) つまり $\boldsymbol{r} = \boldsymbol{r}_C + \boldsymbol{r}'$ を代入すると

$$m\boldsymbol{r}_C = \int (\boldsymbol{r}_C + \boldsymbol{r}') dm$$
$$= m\boldsymbol{r}_C + \int \boldsymbol{r}' dm$$
$$\Downarrow$$
$$0 = \int \boldsymbol{r}' dm \tag{3.13}$$

となることを考慮に入れると，式 (3.11) は

$$\frac{d^2}{dt^2}\left(\int \boldsymbol{r}' dm\right) = 0 \tag{3.14}$$

質量中心 C の定義：質量中心の定義式 (3.12) とその変形された式 (3.13) が同一であることは直感的に理解できる．後者の式は力学演算の際によく用いられる．

つまり式 (3.9) の左辺第 2 項は 0 となる．

式 (3.10) と (3.11) を式 (3.9) に代入すると，式 (3.9) は

$$m\frac{d^2\bm{r}_C}{dt^2} = -k\bm{r}_S \tag{3.15}$$

つまり式 (3.6) に帰着する． ∎

次に式 (3.2) は，回転円板の質量中心 C 点周りの角運動量の時間的変化率が，外力の質量中心まわりのモーメントに等しい式

$$\int \bm{r}' \times \frac{d^2\bm{r}'}{dt^2} dm = \bm{\varepsilon} \times k\bm{r}_S + (M_a - M_r)\bm{k}$$
$$[\text{質量中心まわりの回転運動}] \tag{3.16}$$

に帰着する．ここで偏心ベクトル $\bm{\varepsilon}$ は

$$\bm{r}_C = \bm{r}_S + \bm{\varepsilon} \tag{3.17}$$

で定義される．式 (3.2) から式 (3.16) の誘導も，前と同じ理由により，例題として記しておく．

【例題 3.2】

例題 3.1 と同様にして，式 (3.2) から質量中心の運動方程式 (3.16) を誘導しなさい．

【解答 3.2】

式 (3.2) に式 (3.8) を代入すると

$$\frac{d}{dt}\int \left(\bm{r}_C \times \frac{d\bm{r}_C}{dt} + \bm{r}_C \times \frac{d\bm{r}'}{dt}\right.$$
$$\left. + \bm{r}' \times \frac{d\bm{r}_C}{dt} + \bm{r}' \times \frac{d\bm{r}'}{dt}\right)dm = (M_a - M_r)\bm{k} \tag{3.18}$$

の様に分解される．

上式の左辺第 1 項は，$\bm{r}_C$ が時間だけの関数であることより

$$\frac{d}{dt}\int \bm{r}_C \times \frac{d\bm{r}_C}{dt}dm = m\frac{d}{dt}\left(\bm{r}_C \times \frac{d\bm{r}_C}{dt}\right)$$
$$= m\left(\frac{d\bm{r}_C}{dt} \times \frac{d\bm{r}_C}{dt} + \bm{r}_C \times \frac{d^2\bm{r}_C}{dt^2}\right)$$
$$= m\bm{r}_C \times \frac{d^2\bm{r}_C}{dt^2} \tag{3.19}$$

と積分された形になる．

式 (3.18) の左辺第 2 項は，

$$\frac{d}{dt}\int \bm{r}_C \times \frac{d\bm{r}'}{dt}dm = \frac{d}{dt}\left(\bm{r}_C \times \int \frac{d\bm{r}'}{dt}dm\right)$$

と変形される．ここで r' だけが時間の関数であることから

$$\int \frac{d\bm{r}'}{dt} dm = \frac{d}{dt} \int \bm{r}' dm \qquad (3.20)$$

と積分と微分の順序を入れ替えることが出来き，例題 3.1 の式 (3.13) に示したように $\int \bm{r}' dm = 0$ であることより，

$$\frac{d}{dt} \int \bm{r}_C \times \frac{d\bm{r}'}{dt} dm = 0 \qquad (3.21)$$

式 (**3.13**) の利用: ここでも，質量中心の定義式から得られた式 (3.13) が用いられる．

つまり式 (3.18) の左辺第 2 項は 0 となる．

式 (3.18) の左辺第 3 項は，

$$\frac{d}{dt} \int \bm{r}' \times \frac{d\bm{r}_C}{dt} dm = \frac{d}{dt} \left(\int \bm{r}' dm \times \frac{d\bm{r}_C}{dt} \right) \qquad (3.22)$$

となり，左辺第 2 項と同様に式 (3.13) により 0 となる．

式 (3.18) の左辺第 4 項は，

$$\begin{aligned}\frac{d}{dt} \int \bm{r}' \times \frac{d\bm{r}'}{dt} dm &= \int \left(\frac{d\bm{r}'}{dt} \times \frac{d\bm{r}'}{dt} + \bm{r}' \times \frac{d^2\bm{r}'}{dt^2} \right) dm \\ &= \int \bm{r}' \times \frac{d^2\bm{r}'}{dt^2} dm \end{aligned} \qquad (3.23)$$

となる．

したがって式 (3.18) は，式 (3.19)，(3.21)〜(3.23) を考慮に入れると

$$m \bm{r}_C \times \frac{d^2 \bm{r}_C}{dt^2} + \int \bm{r}' \times \frac{d^2 \bm{r}'}{dt^2} dm = (M_a - M_r) \bm{k} \qquad (3.24)$$

と書き改められる．さらに，式 (3.24) の左辺第 1 項に式 (3.6) を代入して変形すると

$$\int \bm{r}' \times \frac{d^2 \bm{r}'}{dt^2} dm = k\, \bm{r}_C \times \bm{r}_S + (M_a - M_r) \bm{k}$$

となり，式 (3.17) つまり $\bm{r}_C = \bm{r}_S + \bm{\varepsilon}$ を代入すると

$$\int \bm{r}' \times \frac{d^2 \bm{r}'}{dt^2} dm = k\, \bm{\varepsilon} \times \bm{r}_S + (M_a - M_r) \bm{k} \qquad (3.25)$$

つまり質量中心 C 点周りの回転の方程式 (3.16) に帰着する． ∎

以上，回転円板のふれまわり運動の支配方程式は，質量中心 C の z 平面内の並進運動の方程式 (3.6) と，質量中心 C 点周りの回転運動の方程式 (3.16) で記述されることになる．

ツール

剛体運動の分解

剛体の質量を M, 質量中心の位置ベクトルを $\boldsymbol{r}_C$ とすれば, 式 (3.3) は

$$M\frac{d^2\boldsymbol{r}_C}{dt^2} = \boldsymbol{F} \tag{3.26}$$

と記述できる.

次に, 質量中心に質量 M の質点があって, これが質量中心と一緒に運動すると仮定したとき, この質点が O 点周りに持つ角運動量 $\boldsymbol{L}_C$, 剛体が質量中心周りに持つ角運動量を $\boldsymbol{L}'$ とする. このとき, 剛体の O 点周りの角運動量 $\boldsymbol{L}$ は

$$\boldsymbol{L} = \boldsymbol{L}_C + \boldsymbol{L}' \tag{3.27}$$

と表され, 式 (3.4) は

$$\frac{d\boldsymbol{L}_C}{dt} = \boldsymbol{N}_C \tag{3.28}$$

$$\frac{d\boldsymbol{L}'}{dt} = \boldsymbol{N}' \tag{3.29}$$

の二つに分解できる. ただし $\boldsymbol{N}_C$ は外力の合力が質量中心に集中して作用していると考えたときの O 点周りのモーメントである. また $\boldsymbol{N}'$ は外力の質量中心周りのモーメントの総和である. このとき, 式 (3.28) は, 式 (3.26) に質量中心の位置ベクトル $\boldsymbol{r}_C$ を外積したものに等しい.

したがって剛体の運動は, 式 (3.26) で表される質量中心 C の並進運動と, 式 (3.29) で表される質量中心 C 点周りの回転運動とに分けることが出来る.

3.1.3 成分表示

回転円板の運動方程式を具体的に解くに当たって，式 (3.6) と式 (3.16) を質量中心 C の位置座標 (x, y) と軸心 S 周りの質量中心 C の回転角 φ を用いて成分表示する．

最初に，質量中心 C の位置ベクトルを $\boldsymbol{r}_C = x\boldsymbol{i} + y\boldsymbol{j}$ のように成分表示すると，軸心 S の座標は

$$\boldsymbol{r}_S = (x - \varepsilon\cos\varphi)\boldsymbol{i} + (y - \varepsilon\sin\varphi)\boldsymbol{j} \tag{3.30}$$

となる．これらを式 (3.6) に代入して $\boldsymbol{i}, \boldsymbol{j}$ 成分に分けると，質量中心 C の並進運動の方程式は

$$\frac{d^2 x}{dt^2} + p^2 x = \varepsilon p^2 \cos\varphi \tag{3.31}$$

$$\frac{d^2 y}{dt^2} + p^2 y = \varepsilon p^2 \sin\varphi \tag{3.32}$$

と成分で表示される．ただし $p^2 = k/m$ である．

次に，質量中心 C 点周りの回転運動の支配方程式 (3.16) を成分表示するに当たって，式 (3.16) の左辺は

$$\int \boldsymbol{r}' \times \frac{d^2 \boldsymbol{r}'}{dt^2} dm = mi^2 \frac{d^2\varphi}{dt^2}\boldsymbol{k} \tag{3.33}$$

と表される．ただし i は回転半径と呼ばれ，回転円板の全質量を $m \equiv \int dm$ と置くと

$$i^2 = \frac{1}{m}\int |\boldsymbol{r}'|^2\, dm \tag{3.34}$$

で定義される．

> 式 (**3.33**) の誘導：本項末のツール欄に誘導の詳細が示されている．

また式 (3.16) の右辺第 1 項は

$$\boldsymbol{\varepsilon} \times \boldsymbol{r}_S = \begin{bmatrix} \boldsymbol{i} & \boldsymbol{j} & \boldsymbol{k} \\ \varepsilon\cos\varphi & \varepsilon\sin\varphi & 0 \\ x - \varepsilon\cos\varphi & y - \varepsilon\sin\varphi & 0 \end{bmatrix}$$
$$= \varepsilon(y\cos\varphi - x\sin\varphi)\boldsymbol{k}$$

したがって，式 (3.16) を成分表示すると $\boldsymbol{k}$ 成分のみとなり，これを整理すると

$$\frac{d^2\varphi}{dt^2} = p^2 \frac{\varepsilon}{i^2}(y\cos\varphi - x\sin\varphi) + \frac{M}{mi^2} \tag{3.35}$$

となる．ここで M は駆動トルク $M_a - M_r$ で記述される正味トルクである．

以上，質量中心の位置座標 $x(t), y(t)$ と質量中心周りの回転角 $\varphi(t)$ は，並進運動の式 (3.31), (3.32) と回転運動の式 (3.35) から求まることになる．

ツール

質量中心周りの角運動量の時間的変化率の成分表示

質量中心 C 点周りの時間的変化率を表す式 (3.16) の左辺

$$\int \boldsymbol{r}' \times \frac{d^2 \boldsymbol{r}'}{dt^2} dm \tag{3.36}$$

を成分表示するため，図 3.4 における微小質量 dm の位置ベクトルを

$$\boldsymbol{r}' = r' \boldsymbol{e}_{r'} \tag{3.37}$$

と置く．

$\boldsymbol{e}_{r'}, \boldsymbol{e}_\varphi$ の時間微分：直交座標系の場合との本質的な違いは，極座標系の場合，単位方向ベクトル $\boldsymbol{e}_{r'}, \boldsymbol{e}_\varphi$ の向きが時間 t とともに変化することである．

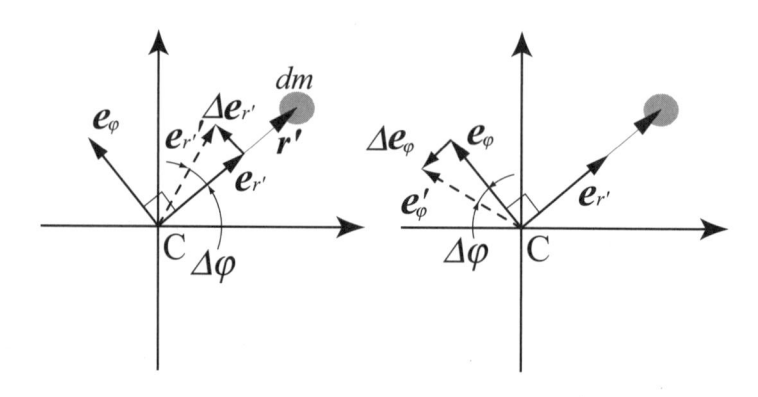

図 3.4 回転円板に固定され，質量中心 C を原点とした平面座標系

同図で，$\boldsymbol{e}_{r'}, \boldsymbol{e}_\varphi$ は，極座標系 (r', φ) の単位方向ベクトルで，時間 t の関数である．このとき，$\boldsymbol{r}'$ を時間 t について微分すると

$$\frac{d\boldsymbol{r}'}{dt} = r' \frac{d\boldsymbol{e}_{r'}}{dt} \tag{3.38}$$

となる．ここで

$$\frac{d\boldsymbol{e}_{r'}}{dt} = \frac{d\boldsymbol{e}_{r'}}{d\varphi} \frac{d\varphi}{dt} \tag{3.39}$$

と書き直される．図 3.4 から明らかなように，微小質量 dm が，微小角 $\Delta\varphi$ だけ回転したとき，$\bm{e}_{r'}$ は $\bm{e}'_{r'}$ に移動し，$\bm{e}'_{r'}$ と $\bm{e}_{r'}$ との差は $\Delta\bm{e}_{r'} = 1 \cdot \Delta\varphi \bm{e}_\varphi$ と表されることより

$$\frac{\Delta\bm{e}_{r'}}{\Delta\varphi} = \bm{e}_\varphi$$

$$\Downarrow \quad \Delta\varphi \to 0$$

$$\frac{d\bm{e}_{r'}}{d\varphi} = \bm{e}_\varphi \tag{3.40}$$

となる．

したがって式 (3.39) に式 (3.40) を代入すると

$$\frac{d\bm{e}_{r'}}{dt} = \frac{d\varphi}{dt}\bm{e}_\varphi \tag{3.41}$$

となり，結局

$$\frac{d\bm{r}'}{dt} = r'\frac{d\varphi}{dt}\bm{e}_\varphi \tag{3.42}$$

と表され，物理量としては微小質量 dm の速度である．

式 (3.42) を時間 t でもう一度微分すると

$$\frac{d^2\bm{r}'}{dt^2} = r'\left(\frac{d^2\varphi}{dt^2}\bm{e}_\varphi + \frac{d\varphi}{dt}\frac{d\bm{e}_\varphi}{dt}\right) \tag{3.43}$$

と表される．ここで，

$$\frac{d\bm{e}_\varphi}{dt} = \frac{d\bm{e}_\varphi}{d\varphi}\frac{d\varphi}{dt} \tag{3.44}$$

と書き直される．図 3.4 から明らかなように，$\bm{e}_\varphi$ の変動量は $\Delta\bm{e}_\varphi = 1 \cdot \Delta\varphi(-\bm{e}_{r'})$ と表されることより，式 (3.40) を求めた場合と同様にして，$\Delta\varphi \to 0$ とすると

$$\frac{d\bm{e}_\varphi}{d\varphi} = -\bm{e}_{r'} \tag{3.45}$$

となる．

したがって式 (3.45) を式 (3.44) に代入すると

$$\frac{d\bm{e}_\varphi}{dt} = -\frac{d\varphi}{dt}\bm{e}_{r'} \tag{3.46}$$

となり

$$\frac{d^2\bm{r}'}{dt^2} = r'\left\{-\left(\frac{d\varphi}{dt}\right)^2\bm{e}_{r'} + \frac{d^2\varphi}{dt^2}\bm{e}_\varphi\right\} \tag{3.47}$$

と表される．

したがって

$$r' \times \frac{d^2 r'}{dt^2} = \begin{bmatrix} e_r' & e_\varphi & k \\ r' & 0 & 0 \\ -r'\dot{\varphi}^2 & r'\ddot{\varphi} & 0 \end{bmatrix}$$
$$= r'^2 \ddot{\varphi} k$$

となることから

$$\int r' \times \frac{d^2 r'}{dt^2} dm = \int r'^2 dm \ddot{\varphi} k$$
$$= J \frac{d^2 \varphi}{dt^2} k \tag{3.48}$$

となる．ここで

$$J = \int r'^2 dm \tag{3.49}$$

は慣性二次モーメントと呼ばれ，$[\text{Mass} \times \text{Length}^2]$ の単位を持つ．

3.2 無次元化

式 (3.31) 〜 (3.35) を無次元化するために，長さの代表尺度として回転円板の偏心量 ε，時間の代表尺度として系の固有周期の代表値 $1/p$ を用いて

$$x = \varepsilon \xi, \qquad y = \varepsilon \eta, \qquad t = \frac{1}{p}\tau$$

と置く．ただし ξ, η は無次元変位，τ は無次元時間である．このとき

$$\frac{dx}{dt} = \frac{d(\varepsilon \xi)}{d\tau}\frac{d\tau}{dt} = p\varepsilon \frac{d\xi}{d\tau}$$
$$\frac{d^2 x}{dt^2} = \frac{d}{dt}\left(p\varepsilon \frac{d\xi}{d\tau}\right) = \frac{d}{d\tau}\left(p\varepsilon \frac{d\xi}{d\tau}\right)\frac{d\tau}{dt} = p^2 \varepsilon \frac{d^2 \xi}{d\tau^2}$$

となる．

これらの変数変換式を式 (3.31) に代入すると，

$$\ddot{\xi} + \xi = \cos\varphi \tag{3.50}$$

となる．

同様にして，式 (3.32) より

$$\ddot{\eta} + \eta = \sin\varphi \tag{3.51}$$

となる．

次に，

$$\frac{d\varphi}{dt} = \frac{d\varphi}{d\tau}\frac{d\tau}{dt} = p\frac{d\varphi}{d\tau}$$

$$\frac{d^2\varphi}{dt^2} = \frac{d}{dt}\left(p\frac{d\varphi}{d\tau}\right) = p^2\frac{d^2\varphi}{d\tau^2}$$

となり，これらの変数変換式を式 (3.35) に代入すると，

$$\ddot{\varphi} = \delta^2(\eta\cos\varphi - \xi\sin\varphi) + \alpha \tag{3.52}$$

となる．ただし，$\delta = \varepsilon/i, \alpha = M/(mi^2p^2)$ とする．

すなわち無次元化された質量中心の位置座標 $\xi(\tau), \eta(\tau)$ および質量中心周りの回転角 $\varphi(\tau)$ は，独立変数 τ，無次元変心量 δ および無次元正味トルク α の関数として，併進運動の式 (3.50), (3.51) と回転運動の式 (3.52) を解くことにより得られる．

3.3 解　法

通常のふれまわり回転 [$\xi, \eta \sim o(1)$] が発生している状態では，$\delta \ll 1, \alpha = 0$ であることより

$$\ddot{\xi} + \xi = \cos\varphi \tag{3.53}$$

$$\ddot{\eta} + \eta = \sin\varphi \tag{3.54}$$

$$\ddot{\varphi} = o(\delta^2) \tag{3.55}$$

となる．

ここで，δ^2 以下の高次微小量を無視すれば，式 (3.55) より，

$$\dot{\varphi} = \omega \quad (一定) \tag{3.56}$$

となる．そして，無次元時間 τ の初期値を適当に取れば，

$$\varphi = \omega\tau \tag{3.57}$$

となる．すなわち回転円板は定常回転であり，ω は無次元回転角速度に相当する．そしてこのとき，定常状態を議論するため，式 (3.53), (3.54) の特解を求めることになり，それらは容易に求まる．次節にその解を記すとともに，その物理的意味を明確にする．

3.4 解の考察

式 (3.53), (3.54) の特解は，それぞれ

$$\xi = \frac{1}{1-\omega^2}\cos\omega\tau, \qquad \eta = \frac{1}{1-\omega^2}\sin\omega\tau \tag{3.58}$$

となる．

また図 3.3 において，軸心 S の x 座標は

$$x_s = x_c - \varepsilon\cos\varphi \tag{3.59}$$

で表され，その無次元量を $\xi_s = x_s/\varepsilon$ と置くと，

$$\begin{aligned}\xi_s &= \xi - \cos\omega\tau \\ &= \frac{1}{1-\omega^2}\cos\omega\tau - \cos\omega\tau \\ &= \frac{\omega^2}{1-\omega^2}\cos\omega\tau\end{aligned}$$

同様に 軸心 S の y 座標 $y_s = y_c - \varepsilon\sin\varphi$ の無次元量を $\eta_s = y_s/\varepsilon$ と置くと，

$$\begin{aligned}\eta_s &= \eta - \sin\varphi \\ &= \frac{\omega^2}{1-\omega^2}\sin\omega\tau\end{aligned}$$

となる．

以上より，C 点，S 点の無次元座標はそれぞれ

$$\begin{aligned}(\xi,\eta) &= \frac{1}{1-\omega^2}(\cos\omega\tau,\sin\omega\tau) \\ (\xi_s,\eta_s) &= \frac{\omega^2}{1-\omega^2}(\cos\omega\tau,\sin\omega\tau)\end{aligned} \tag{3.60}$$

となる．

これらより無次元回転角速度 ω が 1 に等しい，つまり回転角速度が回転体の固有振動数に等しいとき，回転円板のふれまわりは著しく大きくなることがわかる．これを回転体のふれまわり (whirling)，そしてこのときの回転角速度 ω をふれまわりの**危険速度** (critical speed) と呼ぶ．

図 3.5 に回転角速度 ω が 1 より小さい場合と，大きい場合について 回転円板の質量中心 C 点と 円板が回転軸に固定された軸心 S 点との位置関係を示す．

欄外注:

式 (3.53), (3.54) の特解: これらは，第 2 章の式 (2.7) の特解である式 (2.10) と同じように求めればよい．

回転円板のふれまわりの大きさ: 一見，ここでは無限大になるように見える．実際には回転軸の横振動に摩擦抵抗が発生するため有限の大きさになるが，大きくなることに変わりはない．

3.4. 解の考察

同図より，$\omega < 1$ の場合，O 点，S 点および C 点の順に一直線上にある．つまり物理的には，円板の図心あるいは回転軸に対応する S 点が ω の回転速度で O 点周りに公転し，円板の質量中心 C 点が S 点周りに同一角速度 ω で自転していることを意味している．

これに対して $\omega > 1$ の場合，O 点，C 点および S 点の順に一直線上にある．ω が 1 に比べて十分に大きくなると C 点は限りなく固定座標系の原点に近づく．このことを**自己調心効果**（self-adjusting）と呼び，旋盤のセンタリングなどに応用されている．

図 3.5 の見方 同図は方程式 (3.53) と (3.54) の解 (3.60) を記述したもので，これらの方程式は偏心に伴う力の位相を $\varphi = \omega\tau$ と置いている．そして $\omega < 1$ の場合には，S 点および C 点は偏心に伴う力と同相，$\omega < 1$ の場合には，C 点および S 点は偏心に伴う力と反相になっていることを意味している．

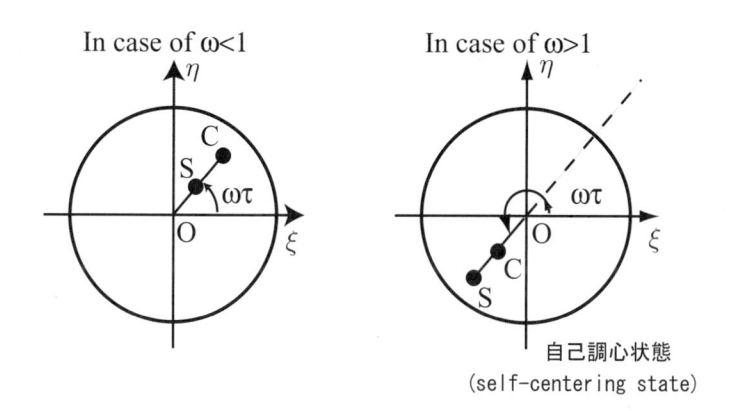

図 3.5 質量中心 C と軸心 S との相対的な位置関係

第 3 章の参考書

(1) 辻岡　康"機械力学入門"サイエンス社，1985.
  - 簡潔に書いてあり，わかりやすい．
(2) 三輪修三，坂田　勝"機械力学"コロナ社，1984.
  - 回転機械の専門家が書いている良著．
(3) R. ガッシュ，H. ピュッツナー（三輪修三訳）"回転体の力学"森北出版，1978
  - 古典的な名著．

──────── 演習問題 ────────

問題 3.1　半径 a の回転円板の回転半径を式 (3.34) より求めなさい．ただし回転円板の偏心量 ε は 0 とする．

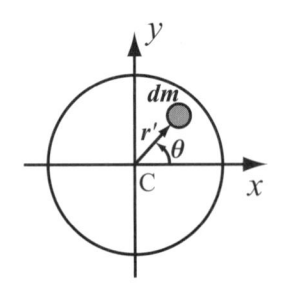

図 3.6　偏心量 0，半径 a の回転円板

問題 3.2　図 3.7 に示されるような質量 $m = 10$ (kg) の円板が，回転数 $n = 3000$ (rpm) で定常回転している．円板の質量中心 C が，重さの無視出来る回転軸上の S 点から $\varepsilon = 0.3$ (mm) だけ偏心している．このとき回転軸のふれまわり量を $r_S \equiv |\boldsymbol{r}_S|$ として，以下の設問に答えなさい．

(a) 式 (3.6) より回転円板の運動方程式は

$$0 = m(r_S + \varepsilon)\omega^2 - kr_S \tag{3.61}$$

となることを誘導しなさい．

(b) 式 (3.61) の右辺第 1 項および第 2 項の物理的意味を簡潔に述べなさい．

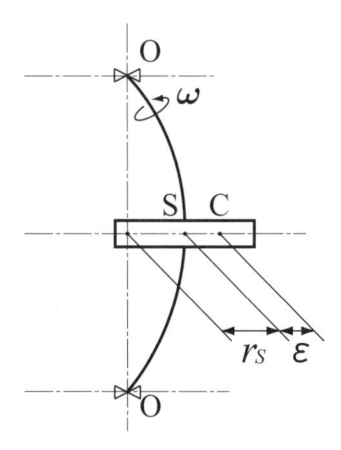

図 3.7 回転体のふれまわり

(c) 式 (3.61) から r_S の方程式を簡潔な形で示しなさい．

(d) 前問で得られた方程式を用いて，$k = 10,000$ (N/cm) として，ふれまわり量 r_S (mm) の値を求めなさい．

(e) 同様に，この円板の回転軸のふれまわり量 r_S が最大となる回転数 n_{cr} (rpm) の値を求めなさい．

コーヒーブレイク

本章では，最終的に定常回転する場合の回転円板の運動を取り扱った．このため，固定座標系の原点 O，軸心 S および質量中心 C が，同一直線上に存在することになった．同時に，O 点周りの軸心 S の公転の回転速度と S 点周りの C 点の自転の回転速度が等しくなった．しかし回転数が一定でない場合には，これらのことは保証されない．このような場合には，式 (3.50)〜(3.52) を ξ, η および φ について，数値計算によって解くことも可能である．またこの際には，円板の回転速度に比例するような粘性摩擦抵抗を考慮するとより現実的な解が求まる．

そして回転体の動力学については，内部摩擦による不安定現象，回転軸の亀裂に起因した不安定振動など，現在でも未解明な課題について活発な研究が行われている．

4. はりの横振動

　電車あるいは車が橋上を走行する際，橋梁に上下のたわみ振動（横振動）が発生する．本章では，**連続体の力学** (dynamics of a continuous system) の応用例の一つとして，また将来，**連続体の非線形振動**（nonlinear vibrations of continuous systems）を学ぶための基礎として，はりの横振動を学ぶ．

図 **4.1**　安芸灘大橋（日本橋梁建築協会編 "新版 日本の橋" 朝倉書店，2004）

4. はりの横振動

本章では，はり（beam）の上下変位は全長に比べて十分に小さく線形であるとして扱う．しかし，第7章の内部流に起因した弾性送水管の自励的な非線形横振動の基礎としたいので，そのことを念頭において支配方程式を導出しておく．

4.1 運動方程式の導出

はりのような**連続体**（continuous system，質量が分布した弾性体）の運動は無限自由度の問題であるので，多質点系の運動と同様に考えると無限個の運動方程式が必要となる．しかし，はり全体の変位を表現できる連続関数を導入すれば，ある微小要素を代表にして並進と回転の運動方程式を導出することで，系全体に適用できる運動方程式を求めることができる．

4.1.1 微小要素に対する力の釣り合い式

はじめに，図4.2に示す片側を固定された長さl，厚さh，幅bの片持ちはりを考える．ここで，はりの中心線は曲げによって伸縮せず，変形前に中心線に垂直な平面は変形後も垂直で平面を維持すると仮定する．はりの中心線に沿ってs軸を定め，図4.3に示すようにsの位置に微小要素δsを考える．はりの密度を$\rho(s)$，断面積を$A(s)$，微小要素の位置ベクトルを$\boldsymbol{r}_c(s,t)$とする．この微小要素には，両側の要素から張力，せん断力，曲げモーメントが作用する．

微小要素に対する並進の運動方程式をたてると

$$\rho A \delta s \frac{\partial^2 \boldsymbol{r}}{\partial t^2} = -\boldsymbol{F}\left(s - \frac{\delta s}{2}, t\right) + \boldsymbol{F}\left(s + \frac{\delta s}{2}, t\right)$$
$$= \frac{\partial \boldsymbol{F}(s,t)}{\partial s} \delta s + O(\delta s^2) \tag{4.1}$$

横振動： 曲げ振動，たわみ振動などと呼ばれる．

運動方程式の数： n自由度の多質点系の運動は，互いの内力で連成したn個の運動方程式で表される．

モデル化のための仮定： この仮定は厳密ではないが，細長いはりで，曲げによるたわみがはりの長さに対して小さい場合には近似的に成り立つ．

本章の変数は(s)，(t)ないしはその両方(s,t)の関数である場合が多いが，全てを表記すると式全体の構成がわかり難くなるため，特に重要と思われる場合にのみ明示し，それ以外の場合は省略する．

偏微分方程式： 変位は，時間と空間の関数となるので，運動方程式(4.1)は偏微分方程式となる．式の展開の結果δs^2より高次の項が存在するが，δsは小さいので微小量として無視できる．ここではそれを$O(\delta s^2)$と表す．

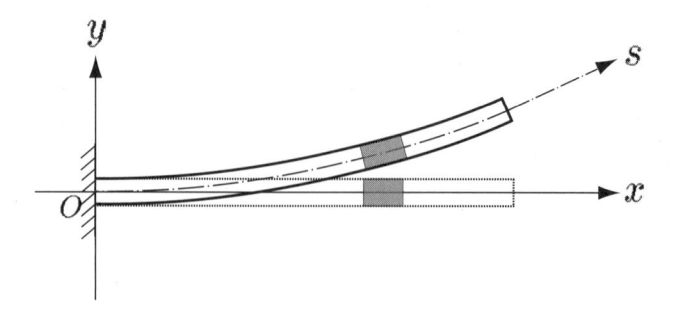

図 **4.2** はりの横振動と座標軸

となる．ここで，$\boldsymbol{F}(s,t)$ は s の位置で断面に作用する内力で，微小要素に分けて考える場合はその両端に外力として作用し，次式のように張力 $T(s,t)$ とせん断力 $Q(s,t)$ からなる．

$$\boldsymbol{F}(s,t) = T(s,t)\boldsymbol{t}(s,t) + Q(s,t)\boldsymbol{n}(s,t) \tag{4.2}$$

なお，図 4.3 に示すようにはりの中心線に沿った軸の s における単位接線ベクトルを $\boldsymbol{t}(s,t)$，中心線に直交する単位法線ベクトルを $\boldsymbol{n}(s,t)$ とした．

次に s における x 方向の変位を $u(s,t)$，y 方向の変位を $v(s,t)$ とすると，位置ベクトル $\boldsymbol{r}_c$ は固定直交座標系 $x-y$ の単位ベクトル $\boldsymbol{i}$ と $\boldsymbol{j}$ を用いて，$\boldsymbol{r}_c = (s+u)\boldsymbol{i} + v\boldsymbol{j}$ と表せ，加速度は次式となる．

$$\frac{\partial^2 \boldsymbol{r}_c}{\partial t^2} = \frac{\partial^2 u}{\partial t^2}\boldsymbol{i} + \frac{\partial^2 v}{\partial t^2}\boldsymbol{j} \tag{4.3}$$

s の時間微分： はりの中心線は収縮しないので，時間微分に対し定数として扱う．

式 (4.2) と式 (4.3) を式 (4.1) に代入すると，並進の運動方程式

$$\rho A \left(\frac{\partial^2 u}{\partial t^2}\boldsymbol{i} + \frac{\partial^2 v}{\partial t^2}\boldsymbol{j} \right) = \frac{\partial}{\partial s}\{T\boldsymbol{t} + Q\boldsymbol{n}\} \tag{4.4}$$

を得る．

s におけるはりの曲げに伴うたわみ角を $\varphi(s,t)$ とすると，接線ベクトル $\boldsymbol{t}$ が x 軸の単位ベクトル $\boldsymbol{i}$ となす角は $\varphi(s,t)$ であるので，次の関係がある．

$$\begin{pmatrix} \boldsymbol{t} \\ \boldsymbol{n} \end{pmatrix} = \begin{pmatrix} \cos\varphi & \sin\varphi \\ -\sin\varphi & \cos\varphi \end{pmatrix} \begin{pmatrix} \boldsymbol{i} \\ \boldsymbol{j} \end{pmatrix} \tag{4.5}$$

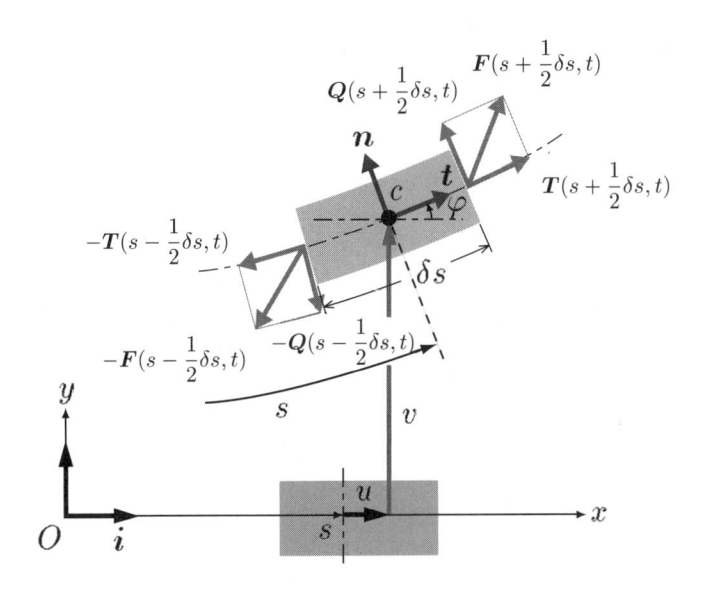

図 **4.3** はりの微小部分に作用する力

これを式 (4.4) の左辺に適用すると

$$\rho A\left(\frac{\partial^2 u}{\partial t^2}\boldsymbol{i}+\frac{\partial^2 v}{\partial t^2}\boldsymbol{j}\right)=\rho A\left(\frac{\partial^2 u}{\partial t^2}\cos\varphi+\frac{\partial^2 v}{\partial t^2}\sin\varphi\right)\boldsymbol{t}$$
$$+\rho A\left(-\frac{\partial^2 u}{\partial t^2}\sin\varphi+\frac{\partial^2 v}{\partial t^2}\cos\varphi\right)\boldsymbol{n} \tag{4.6}$$

単位方向ベクトルの変換: u と v は s における x 方向と y 方向の変位としたので，たわみ角による方向の変化はなく，単位方向ベクトルの座標変換のみ行う．s における変位を接線方向成分と法線方向成分で表わす場合には，コリオリ力などに対応した成分が必要である．ベクトルの微分は次のツールを利用する．

となり，式 (4.4) の右辺は

$$\frac{\partial}{\partial s}\{T\boldsymbol{t}+Q\boldsymbol{n}\}$$
$$=\left(\frac{\partial T}{\partial s}-Q\frac{\partial \varphi}{\partial s}\right)\boldsymbol{t}+\left(\frac{\partial Q}{\partial s}+T\frac{\partial \varphi}{\partial s}\right)\boldsymbol{n} \tag{4.7}$$

となる．式 (4.6)，(4.7) を，式 (4.4) に代入して同値とし，$\boldsymbol{t}$ 方向と $\boldsymbol{n}$ 方向に分けて整理すると，

$$\boldsymbol{t}:\rho A\left(\frac{\partial^2 u}{\partial t^2}\cos\varphi+\frac{\partial^2 v}{\partial t^2}\sin\varphi\right)=\frac{\partial T}{\partial s}-Q\frac{\partial \varphi}{\partial s} \tag{4.8}$$

$$\boldsymbol{n}:\rho A\left(-\frac{\partial^2 u}{\partial t^2}\sin\varphi+\frac{\partial^2 v}{\partial t^2}\cos\varphi\right)=\frac{\partial Q}{\partial s}+T\frac{\partial \varphi}{\partial s} \tag{4.9}$$

を得る．

ツール

単位方向ベクトルの回転

式 (4.5) の両辺に左から変換行列の逆行列をかけると

$$\begin{pmatrix}\boldsymbol{i}\\\boldsymbol{j}\end{pmatrix}=\begin{pmatrix}\cos\varphi & -\sin\varphi\\\sin\varphi & \cos\varphi\end{pmatrix}\begin{pmatrix}\boldsymbol{t}\\\boldsymbol{n}\end{pmatrix} \tag{4.10}$$

を得る．ここで

$$\begin{pmatrix}\cos\varphi & \sin\varphi\\-\sin\varphi & \cos\varphi\end{pmatrix}^{-1}=\begin{pmatrix}\cos\varphi & -\sin\varphi\\\sin\varphi & \cos\varphi\end{pmatrix} \tag{4.11}$$

を利用した．さらに，式 (4.5) を s について微分して式 (4.10) を代入すると

$$\frac{\partial}{\partial s}\begin{pmatrix}\boldsymbol{t}\\\boldsymbol{n}\end{pmatrix}=\frac{\partial \varphi}{\partial s}\begin{pmatrix}0 & 1\\-1 & 0\end{pmatrix}\begin{pmatrix}\boldsymbol{t}\\\boldsymbol{n}\end{pmatrix} \tag{4.12}$$

図 4.4 に示すように単位方向ベクトル $\boldsymbol{t}$ と $\boldsymbol{n}$ がたわみ角の変化分だけ回転すると，右手座標系では単位方向ベクトル $\boldsymbol{n}$ の回転は単位方向ベクトル $\boldsymbol{t}$ の負方向となる．式 (4.12) の符号はこれを示している．

を得る．これは，図 4.4 に示すように微小要素の両端の単位方向ベクトルの変化がたわみ角の変化で表されることを示している．符号についても妥当な結果となっている．

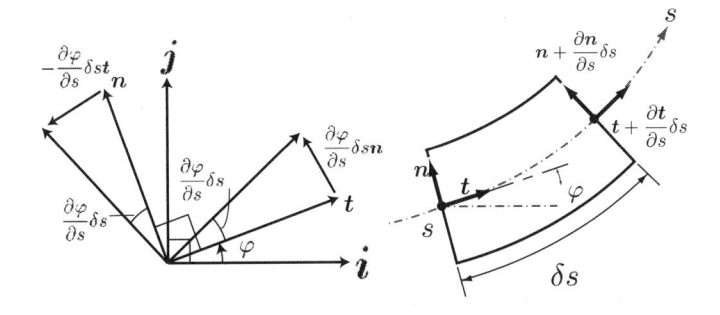

図 **4.4** 微小要素 δs における単位方向ベクトルの回転

以上の関係は時間微分においても同様に求められ，単位方向ベクトルの時間変化は角速度に比例する．

$$\frac{\partial}{\partial t}\begin{pmatrix} \boldsymbol{t} \\ \boldsymbol{n} \end{pmatrix} = \frac{\partial \varphi}{\partial t}\begin{pmatrix} 0 & 1 \\ -1 & 0 \end{pmatrix}\begin{pmatrix} \boldsymbol{t} \\ \boldsymbol{n} \end{pmatrix} \tag{4.13}$$

4.1.2 微小要素における回転の運動方程式

次に，図 4.3 に示した微小要素について回転の運動方程式を考える．空間内の任意の定点周りの角運動量とモーメントの総和の関係は式 (3.4) で与えられる．これは，3 章で述べたように式 (3.26) で表される質量中心の並進運動と，式 (3.29) と同様の質量中心周りの回転の運動方程式

$$\frac{\partial \boldsymbol{L}'(s,t)}{\partial t} = \boldsymbol{N}'(s,t) \tag{4.14}$$

とに分けることができる．ここで，$\boldsymbol{L}'(s,t)$ は質量中心周りの角運動量で $\boldsymbol{N}'(s,t)$ は質量中心周りのモーメントの総和である．

図 4.5 に示すように s における微小要素の角変位は，たわみ角 $\varphi(s,t)$ である．また，微小要素の両端にせん断力によるモーメントと曲げモーメントが作用するので，微小要素の質量中心周りの回転の運動方程式は，

$$\begin{aligned}
\rho I \delta s \frac{\partial^2 \varphi}{\partial t^2} \boldsymbol{k} &= -M\left(s - \frac{\delta s}{2}, t\right)\boldsymbol{k} + Q\left(s - \frac{\delta s}{2}, t\right)\frac{\delta s}{2}\boldsymbol{k} \\
&\quad + M\left(s + \frac{\delta s}{2}, t\right)\boldsymbol{k} + Q\left(s + \frac{\delta s}{2}, t\right)\frac{\delta s}{2}\boldsymbol{k} \\
&= \left\{\frac{\partial M(s,t)}{\partial s} + Q(s,t)\right\}\delta s \boldsymbol{k} + O(\delta s^2)
\end{aligned} \tag{4.15}$$

> 質量中心の並進運動については既に 4.1.1 項で示した．

> 回転ベクトル：モーメントは回転軸からの位置ベクトルと力ベクトルとの外積で表され，図 4.5 において紙面に垂直な z 軸方向の回転ベクトルとなる．

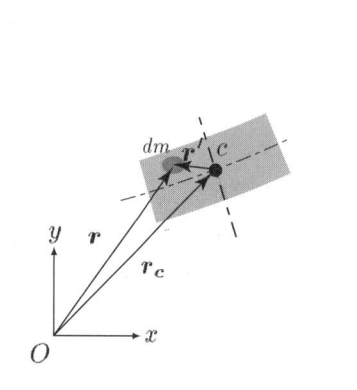

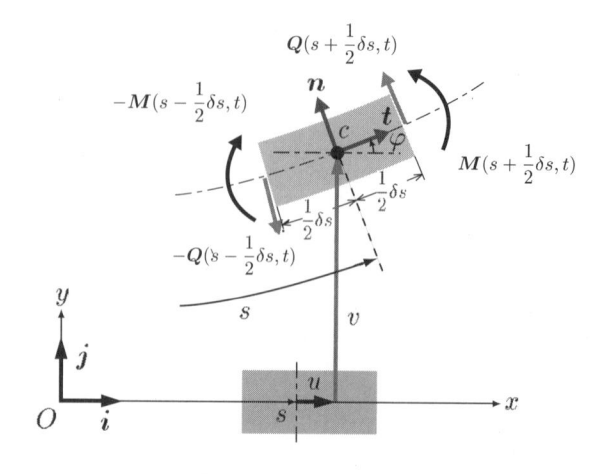

(a) 質量中心からみたベクトルの分離   (b) 質量中心周りのモーメント

図 **4.5** 微小要素の回転運動

となる．ここで，微小要素の慣性モーメントと断面2次モーメントについて $\delta J = \rho I \delta s$ の関係を利用した．また，z 軸方向の単位ベクトルを $\boldsymbol{k}$ とした．式 (4.15) を整理すると

$$\rho I \frac{\partial^2 \varphi}{\partial t^2} = \frac{\partial M}{\partial s} + Q \tag{4.16}$$

を得る．ここで式 (4.16) の左辺の微小要素の回転慣性は，はりの長さ l に対してたわみが小さく $h/l \ll 1$ の場合には十分小さく無視できる．この仮定が成立する場合，式 (4.16) は次式のせん断力とモーメントの関係式となる．

$$Q = -\frac{\partial M}{\partial s} \tag{4.17}$$

ツール

慣性モーメントと断面2次モーメントの関係

断面2次モーメントと慣性モーメント：r は回転軸から微小要素までの距離を示す．慣性モーメントは通常記号 I を用いるが，ここでは断面2次モーメントとの区別のため J を用いた．これは機械力学ではよく見られる表記である．

図 4.6(a) の**慣性モーメント**（moment of inertia）J と図 4.6(b) の**断面2次モーメント**（moment of inertia of cross-section）I の定義式はそれぞれ

$$J = \int_V r^2 dm, \qquad I = \int_A r^2 dA \tag{4.18}$$

である．これらの定義式は回転軸に対する質量と面積の散らばりの程度を示している．前者は立体に対する定義，後者は平面に対する定義で，同じ表現形式をしているが，異なる物理量である．ここで，

図 4.6(c) に示すように，断面に対して微小な厚さ δs を持つ薄板の慣性モーメントを考える．$dm = \rho \delta s dA$ であり，δs と ρ は断面において定数であることを考慮すると

$$\delta J = \int_V r^2 \rho \delta s dA = \rho \delta s \int_A r^2 dA = \rho \delta s I \tag{4.19}$$

となり，慣性モーメントと断面2次モーメントの関係を得る．

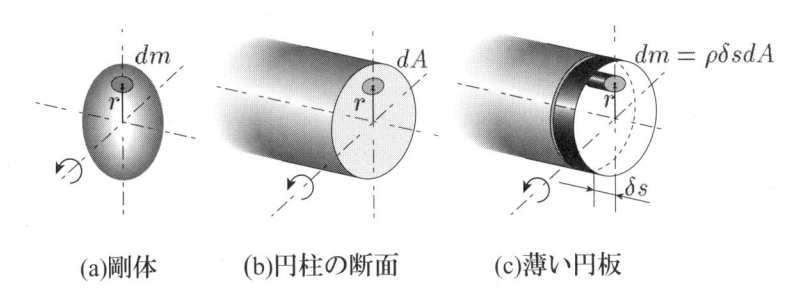

(a)剛体　(b)円柱の断面　(c)薄い円板

図 **4.6**　断面2次モーメントと慣性モーメントの関係

4.1.3　はりの曲げモーメントとひずみ

次に，微小要素の曲げ変形と曲げモーメント M の関係を求める．図 4.7 に示すように断面は中心線に対して垂直を維持すると仮定し，s において長さ δs の微小要素を考え，その両断面の延長線のなす角を $\delta\varphi$，その交点 O から s 軸までの**曲率半径**（radius of curvature）を $R(s,t)$ と置く．この微小要素は両側のモーメントによって曲げられ，中心線から $\boldsymbol{n}$ 方向に η だけ離れた位置の s 軸方向の長さの変化は，$\{R-\eta\}\delta\varphi - R\delta\varphi$ となり，ひずみ $\varepsilon(\eta,s,t)$ は，

> 微小要素の両側の面は，正の曲げモーメントが作用すると下に凸に曲げられ，s 軸の上側で圧縮，下側で引張状態となり，平行であった断面は両側のたわみ角の変化だけ傾く．

> η は断面2次モーメント導出のため板厚方向の変数として用いる．4.1.5 項の無次元変数とは異なる．

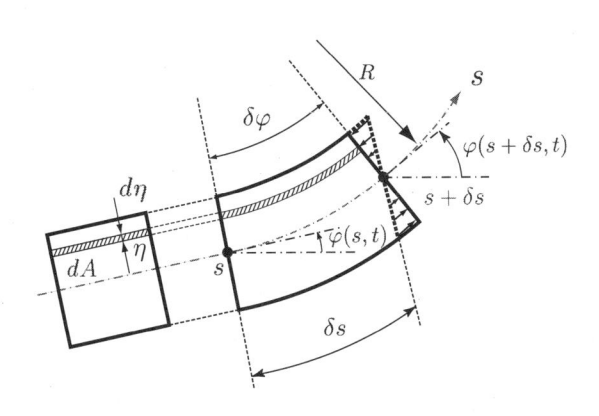

図 **4.7**　曲げモーメントとひずみ

$$\varepsilon = \frac{\{R-\eta\}\delta\varphi - R\delta\varphi}{R\delta\varphi} = -\frac{\eta}{R} = -\eta\frac{\delta\varphi}{\delta s} \qquad (4.20)$$

で与えられる．ここで $R\delta\varphi = \delta s$ であることを利用した．

また，幾何学的関係から

$$\begin{aligned}
\delta\varphi &= \varphi\left(s+\frac{\delta s}{2},t\right) - \varphi\left(s-\frac{\delta s}{2},t\right) \\
&= \varphi + \frac{\partial\varphi}{\partial s}\frac{\delta s}{2} - \left\{\varphi - \frac{\partial\varphi}{\partial s}\frac{\delta s}{2}\right\} + O(\delta s^2) \\
&= \frac{\partial\varphi}{\partial s}\delta s + O(\delta s^2) \qquad (4.21)
\end{aligned}$$

であるので，式 (4.21) を式 (4.20) に代入すると，

$$\varepsilon = -\eta\frac{\partial\varphi}{\partial s} \qquad (4.22)$$

を得る．η の位置での微小断面 dA に作用する引張力は $\sigma dA = E\varepsilon dA$ であり，この力による断面全体のモーメントの和がひずみ ε を生じさせる曲げモーメント $M(s,t)$ である．曲げモーメント $M(s,t)$ は次の積分で与えられる．

$$\begin{aligned}
M &= \int_A (-\eta\sigma)dA = \int_A E\frac{\partial\varphi}{\partial s}\eta^2 dA \\
&= E\frac{\partial\varphi}{\partial s}\int_A \eta^2 dA = EI\frac{\partial\varphi}{\partial s} \qquad (4.23)
\end{aligned}$$

ここで，断面に対して定数となる値を積分の外に出し，断面2次モーメントの定義式 (4.18) を利用した．

> **モーメントの符号：** 本章では，モーメントの回転のベクトルが z 軸の正方向となるよう決めた．よって，下に凸の変形のための，中心線より上側で圧縮状態となり，歪は負となる．これに対し弾性論では中心線より上側で歪が正となる引張状態となるようモーメントの符号を定義する場合がある．どちらも一連の定義に従い理論を構築すれば同一の結果に帰着する．

ツール

たわみ角と変位の関係

図 4.8 より微小要素のたわみ角 φ と変位の関係を考える．まず幾何学的関係から $\cos\varphi$, $\sin\varphi$ を次式のように v で表す．

$$\sin\varphi = \frac{\partial v}{\partial s} \qquad (4.24)$$

$$\cos\varphi = 1 + \frac{\partial u}{\partial s} = \sqrt{1-\left(\frac{\partial v}{\partial s}\right)^2} \qquad (4.25)$$

次に，式 (4.24) を s で微分すると

$$\frac{\partial\varphi}{\partial s}\cos\varphi = \frac{\partial^2 v}{\partial s^2}$$

4.1. 運動方程式の導出

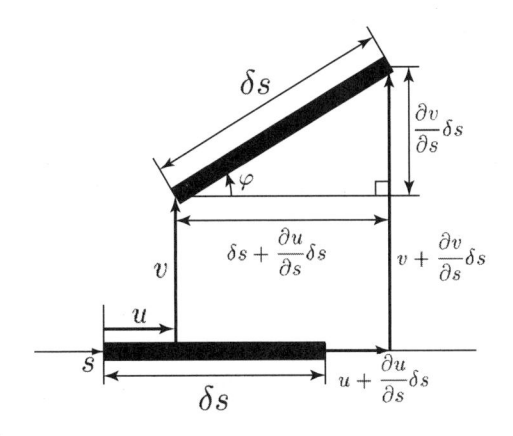

図 **4.8** u, v, φ の幾何学的関係

となり，式 (4.25) を代入し

$$\frac{\partial \varphi}{\partial s} = \frac{\partial^2 v/\partial s^2}{\sqrt{1-(\partial v/\partial s)^2}} \tag{4.26}$$

を得る．式 (4.26) は，はりの長さ l に対してたわみ v が小さく，たわみ角 φ が $\varphi \approx v/l$ で十分に小さいとすると

$$\frac{\partial \varphi}{\partial s} \approx \frac{\partial^2 v}{\partial s^2} \tag{4.27}$$

式 (4.24) より $\partial v/\partial s = \sin\varphi \approx \varphi \ll 1$ なので式 (4.26) の分母は 1 に近似される．

と近似される．また三平方の定理に式 (4.24), (4.25) を適用すると

$$\cos^2 \varphi + \sin^2 \varphi = \left(1+\frac{\partial u}{\partial s}\right)^2 + \left(\frac{\partial v}{\partial s}\right)^2 = 1 \tag{4.28}$$

であるので，

$$\frac{\partial u}{\partial s} = -\frac{1}{2}\left\{\left(\frac{\partial u}{\partial s}\right)^2 + \left(\frac{\partial v}{\partial s}\right)^2\right\} \tag{4.29}$$

式 (4.29) は式 (4.28) を展開し $\partial u/\partial s$ について解いた．

を得る．ここで u^2 は v^2 に比べて十分に小さいので，右辺第 1 項を無視したのち，両辺を s について積分すれば

$$u \approx -\frac{1}{2}\int_0^s \left(\frac{\partial v}{\partial s}\right)^2 ds \tag{4.30}$$

を得る．式 (4.30) はたわみ角の 2 乗を軸方向に積算すると軸方向の変位を決定できることを示している．

4.1.4 はりの横振動の運動方程式

はりの長さ l に対してたわみ v が小さい場合には，はりの x 方向の変位 u は十分に小さく，式 (4.9) の左辺第 1 項は無視でき，

$$\rho A \frac{\partial^2 v}{\partial t^2} = \frac{\partial Q}{\partial s} + T \frac{\partial \varphi}{\partial s} \tag{4.31}$$

となる．さらに式 (4.31) において，張力の影響が小さく，右辺第 2 項が無視できる場合には，はりの横振動の運動方程式は，

$$\rho A \frac{\partial^2 v}{\partial t^2} = \frac{\partial Q}{\partial s} \tag{4.32}$$

となり，式 (4.17)，(4.23)，(4.27) を順に代入，整理すると，

$$\rho A \frac{\partial^2 v}{\partial t^2} + \frac{\partial^2}{\partial s^2}\left(EI \frac{\partial^2 v}{\partial s^2}\right) = 0 \tag{4.33}$$

を得る．ここで EI が s に対して一様な場合には，微分の外に出し

$$\rho A \frac{\partial^2 v}{\partial t^2} + EI \frac{\partial^4 v}{\partial s^4} = 0 \tag{4.34}$$

となる．一方，初期張力が大きく右辺第 2 項が支配的となる場合には，弦の運動方程式となる．以上がはりの横振動の運動方程式の導出である．ここまでははりに沿った s 軸について示してきた．しかしはりの長さに対してたわみが小さい場合には，はりの x 方向の変位 u は小さく無視でき，式 (4.34) は，次式のように x についての関係式としても成立する．

$$\rho A \frac{\partial^2 v}{\partial t^2} + EI \frac{\partial^4 v}{\partial x^4} = 0 \tag{4.35}$$

4.1.5 無次元化された運動方程式

式 (4.35) を無次元化するため，長さの代表尺度としてはりの長さ l を，時間の代表尺度として両端を単純支持されたはりの 1 次の固有角振動数 $\omega_s = (\pi/l)^2 \sqrt{EI/\rho A}$ の逆数を用い

$$x = l\xi, \quad v = l\eta, \quad t = \frac{1}{\omega_s}\tau \tag{4.36}$$

と置く．ξ と η は無次元変位，τ は無次元時間である．このとき

$$\rho A \frac{\partial^2 v}{\partial t^2} = \rho A \omega_s^2 \frac{l \partial^2 \eta}{\partial \tau^2} = \rho A \frac{\pi^4 EI}{l^4 \rho A} l \frac{\partial^2 \eta}{\partial \tau^2} = \frac{\pi^4 EI}{l^3} \frac{\partial^2 \eta}{\partial \tau^2}$$

$$EI \frac{\partial^4 v}{\partial x^4} = EI \frac{l \partial^4 \eta}{l^4 \partial \xi^4} = \frac{EI}{l^3} \frac{\partial^4 \eta}{\partial \xi^4}$$

式(4.30) より，u はたわみ角の 2 乗のオーダーである．

弦の運動方程式： 弦の運動方程式については，演習問題で確認する．

ここからは x についての関係式として記述する．

となる．これらの変換式を式 (4.35) に代入すると

$$\frac{\partial^2 \eta}{\partial \tau^2} + \frac{1}{\pi^4}\frac{\partial^4 \eta}{\partial \xi^4} = 0 \tag{4.37}$$

を得る．

4.2 はりの自由振動

4.2.1 固有振動モード展開

式 (4.37) の解は，次のように ξ の関数と τ の関数の積の形に変数分離できると仮定する．

$$\eta(\xi,\tau) = Y(\xi)T(\tau) \tag{4.38}$$

式 (4.38) を式 (4.35) に代入して整理し，

$$\frac{1}{Y}\frac{d^4 Y}{d\xi^4} = -\frac{\pi^4}{T}\frac{d^2 T}{d\tau^2} = \beta^4 \tag{4.39}$$

と定義すると次の二つの式を得る．ただし $(\beta/\pi)^4 = \Omega^2$ とした．

$$\frac{d^4 Y}{d\xi^4} - \beta^4 Y = 0 \tag{4.40}$$

$$\frac{d^2 T}{d\tau^2} + \Omega^2 T = 0 \tag{4.41}$$

式 (4.41) は 1 自由度系の運動方程式と同様に容易に解け

$$T(\tau) = A\cos\Omega\tau + B\sin\Omega\tau \tag{4.42}$$

である．また，式 (4.40) の空間の形状を示す解は，$Y = Ce^{\lambda\xi}$ と仮定し，特性方程式

$$\lambda^4 - \beta^4 = (\lambda^2 - \beta^2)(\lambda^2 + \beta^2) = 0 \tag{4.43}$$

より，次式の一般解を得る．

$$Y(\xi) = C_1 e^{\beta\xi} + C_2 e^{-\beta\xi} + C_3 e^{i\beta\xi} + C_4 e^{-i\beta\xi} \tag{4.44}$$

またオイラーの公式 $e^{i\beta\xi} = \cos\beta\xi + i\sin\beta\xi$ による三角関数の関係式

$$\cos\beta\xi = \frac{e^{i\beta\xi} + e^{-i\beta\xi}}{2}, \quad \sin\beta\xi = \frac{e^{i\beta\xi} - e^{-i\beta\xi}}{2i} \tag{4.45}$$

無次元化の代表尺度: ここでは，長さの代表尺度としてはりの長さ l を利用した．そのためたわみの値はかなり小さい値となる．また，運動方程式に π の係数が残るが，これは両端単支持はりの 1 次固有振動モードの波長に対応するはりの長さ l を利用したためである．

と，同様に表現できる**双曲線関数**（hyperbolic functions）の関係式

$$\cosh\beta\xi = \frac{e^{\beta\xi} + e^{-\beta\xi}}{2}, \quad \sinh\beta\xi = \frac{e^{\beta\xi} - e^{-\beta\xi}}{2} \tag{4.46}$$

を用いると，式（4.44）は次のように書き換えられる．

$$\begin{aligned} Y(\xi) &= D_1 \cosh\beta\xi + D_2 \sinh\beta\xi \\ &\quad + D_3 \cos\beta\xi + D_4 \sin\beta\xi \end{aligned} \tag{4.47}$$

ここで四つの未知数 D_1，D_2，D_3，D_4 ははりの両端の四つの境界条件より決定される．表 4.1 にはりの代表的な**境界条件**（boundary condition）を示す．これらの条件は，変位とたわみ角の拘束とそれに対応するせん断力とモーメントの拘束力の組み合わせで，最も代表的な条件はどちらかが 0 である．ここで考えられる四つの条件は，単純支持，固定支持，自由支持，ローラ(滑動)支持である．

表 4.1　はりの支持形式と境界条件

支持形式	境界条件			
	たわみ	たわみ角	モーメント	せん断力
支持:	$\eta = 0$		$\dfrac{\partial^2 \eta}{\partial \xi^2} = 0$	
固定:	$\eta = 0$	$\dfrac{\partial \eta}{\partial \xi} = 0$		
自由:			$\dfrac{\partial^2 \eta}{\partial \xi^2} = 0$	$\dfrac{\partial^3 \eta}{\partial \xi^3} = 0$
ローラ:(滑動)		$\dfrac{\partial \eta}{\partial \xi} = 0$		$\dfrac{\partial^3 \eta}{\partial \xi^3} = 0$

4.2.2　両端を単純支持されたはりの自由振動

はじめに，両端を単純支持されたはりの自由振動を求める．式（4.47）を境界条件に代入し，

表 4.1 に示したように，単純支持の境界条件は，式（4.38）を考慮して，$Y(0) = Y(1) = 0$，および $\xi = 0$ と $\xi = 1$ で $d^2Y/d\xi^2 = 0$ である．

$$Y(0) = D_1 + D_3 = 0 \tag{4.48}$$

$$\begin{aligned} Y(1) &= D_1 \cosh\beta + D_2 \sinh\beta \\ &\quad + D_3 \cos\beta + D_4 \sin\beta = 0 \end{aligned} \tag{4.49}$$

$$\left.\frac{d^2 Y}{d\xi^2}\right|_{\xi=0} = \beta^2(D_1 - D_3) = 0 \tag{4.50}$$

$$\left.\frac{d^2Y}{d\xi^2}\right|_{\xi=1} = \beta^2(D_1\cosh\beta + D_2\sinh\beta$$
$$- D_3\cos\beta - D_4\sin\beta) = 0 \qquad (4.51)$$

を得る．ここで，D_1, D_2, D_3, D_4 が同時に 0 となる静止を示す自明な解以外の解を考える．式 (4.48), (4.50) より，$\beta \neq 0$ であれば，

$$D_1 = D_3 = 0 \qquad (4.52)$$

となるので，次の行列式に対する方程式を得る．

$$\begin{vmatrix} \sinh\beta & \sin\beta \\ \sinh\beta & -\sin\beta \end{vmatrix} = 0 \qquad (4.53)$$

これより

$$\sin\beta = 0 \qquad (4.54)$$

となり，

$$\beta_i = i\pi \qquad (i = 1, 2, \cdots) \qquad (4.55)$$

を得る．このとき固有関数（固有振動モード）$Y(\xi)$ は，

$$Y_i(\xi) = D_{4i}\sin(i\pi\xi) \qquad (i = 1, 2, \cdots) \qquad (4.56)$$

であり，時間については式 (4.42) より

$$T_i(\tau) = A_i\cos\Omega_i\tau + B_i\cos\Omega_i\tau \qquad (4.57)$$

となる．ただし，固有角振動数は次式で与えられる．

$$\Omega_i = \left(\frac{\beta_i}{\pi}\right)^2 = i^2 \qquad (i = 1, 2, \cdots) \qquad (4.58)$$

以上をまとめると，両端を単純支持されたはりの自由振動の一般解は，式 (4.38) より固有振動モードの和として次式で与えられる．

$$\eta(\xi, \tau) = \sum_{i=1}^{\infty} D_{4i}\sin(i\pi\xi)\{A_i\cos\Omega_i\tau + B_i\sin\Omega_i\tau\} \qquad (4.59)$$

表 4.1 に示した他の境界条件の場合も同様に求めることができる．代表的な境界条件に対する解を表 4.2 に示す．

ここで**固有振動モード**（natural modes of vibration）は，直交性を有するので，大きさを適当に調節し，次式のように正規化した**固有振動モードの直交性**（orthogonality of natural modes）を定義す

$\beta = 0$ の場合には，$\Omega = 0$ となり，振動しない解となる．この場合はりは支持されているので静止解である．

行列式 (4.53) は，$\sinh\beta l\sin\beta l = 0$ となるが，$\sinh\beta l$ は $\beta = 0$ のときのみ $\sinh\beta l = 0$ である．

式 (4.52) と式 (4.54) を式 (4.49) に代入すると，$D_2 = 0$ を得る．したがって，$D_1 = D_2 = D_3 = 0$ となり，D_4 のみが残る．ここで D_4 は任意で振動モード形状のみを与え，大きさを限定しない．

固有角振動数：それぞれの境界条件に対する固有角振動数は，表 4.2 に示す振動数方程式を満足する β_i を式(4.58) の $\Omega_i = (\beta_i/\pi)^2$ の関係に代入すると求まる．

β の物理的意味: β は式 (4.54) と (4.55) に示すように,振動数方程式の解で,固有角振動数と式 (4.58) の関係があり,波数に対応した無次元量である.

固有振動モード: 各境界条件に対し未知数 D_1 から D_4 のうち三つだけが決定され,振動形状を示す比率(振動モード)は決まるが,大きさは確定しない.モード形状は,双曲線関数を含む複雑な式であるが,$(\cosh\beta\xi \pm \cos\beta\xi)$ と $(\sinh\beta\xi \pm \sin\beta\xi)$ を基本要素とする規則性のある関数である.これらの式に表 4.2 に示す β_i を代入すると左列に示すモード形状となり,当然それらは,自ずと両端の境界条件を満足する.

表4.2 代表的な境界条件に対するはりの固有角振動数と固有振動モード

境界条件と振動数方程式 固有振動モード	β
支持—支持:$\sin\beta = 0$	$3.1416 = \pi$ $6.2832 = 2\pi$ $9.4248 = 3\pi$
固定—固定:$1 - \cos\beta\cosh\beta = 0$	$4.7300 = 1.5056\pi$ $7.8532 = 2.4998\pi$ $10.996 = 3.5000\pi$
自由—自由:$1 - \cos\beta\cosh\beta = 0$	0 $4.7300 = 1.5056\pi$ $7.8532 = 2.4998\pi$ $10.996 = 3.5000\pi$
固定—自由(片持ち):$1 + \cos\beta\cosh\beta = 0$	$1.8751 = 0.5969\pi$ $4.6941 = 1.4942\pi$ $7.8548 = 2.5002\pi$
固定—支持:$\tan\beta - \tanh\beta = 0$	$3.9266 = 1.2499\pi$ $7.0696 = 2.2500\pi$ $10.210 = 3.2500\pi$

支持—支持:$Y(x) = D\sin\beta\xi$

固定—固定:$Y(x) = D[(\sinh\beta - \sin\beta)(\cosh\beta\xi - \cos\beta\xi)$
$\qquad -(\cosh\beta - \cos\beta)(\sinh\beta\xi - \sin\beta\xi)]$

自由—自由:$Y(x) = D[(\sinh\beta + \sin\beta)(\cosh\beta\xi + \cos\beta\xi)$
$\qquad -(\cosh\beta - \cos\beta)(\sinh\beta\xi + \sin\beta\xi)]$

固定—自由:$Y(x) = D[(\sinh\beta + \sin\beta)(\cosh\beta\xi - \cos\beta\xi)$
$\qquad -(\cosh\beta + \cos\beta)(\sinh\beta\xi - \sin\beta\xi)]$

固定—支持:$Y(x) = D[(\sinh\beta - \sin\beta)(\cosh\beta\xi - \cos\beta\xi)$
$\qquad -(\cosh\beta - \cos\beta)(\sinh\beta\xi - \sin\beta\xi)]$

ることができる．

$$\int_0^1 \Phi_j \Phi_i d\xi = \delta_{ji} = \begin{cases} 0 & (j \neq i) \\ 1 & (j = i) \end{cases} \quad (4.60)$$

また，この固有振動モードを用いて，はりの自由振動は次式で与えられる．

$$\eta(\xi, \tau) = \sum_{i=1}^{\infty} \Phi_i(\xi)\{A_i \cos \Omega_i \tau + B_i \sin \Omega_i \tau\} \quad (4.61)$$

式 (4.75) で後述するように式 (4.56) の $Y_i(\xi)$ にあらためて適当な係数 d_i を導入して，$\Phi_i(\xi) = d_i \sin(i\pi\xi)$ とし，式 (4.60) を満足するように d_i の大きさを調整する．

4.2.3 初期条件の設定

式 (4.61) において，A_i と B_i は未知数として残るので，式 (4.61) は振動の形状のみを与え，その大きさは決まらない．しかし，たとえば以下のような初期条件を与えると，はりの振動は一意に決定する．

$$\eta(\xi, 0) = v_0(\xi), \qquad \left.\frac{\partial \eta(\xi, \tau)}{\partial \tau}\right|_{\tau=0} = \dot{\eta}_0(\xi) \quad (4.62)$$

すなわち，式 (4.61) に初期条件 (4.62) を適用し整理すると，

$$\sum_{i=1}^{\infty} \Phi_i(\xi) A_i = v_0(\xi), \quad \sum_{i=1}^{\infty} \Phi_i(\xi) B_i \Omega_i = \dot{\eta}_0(\xi) \quad (4.63)$$

を得る．この二つの式の両辺に $\Phi_j(\xi)$ をかけ $\xi = 0$ から $\xi = 1$ まで積分し，固有振動モードの直交性 (4.60) を適用すると，

$$A_i = \int_0^1 \Phi_i \eta_0 d\xi, \quad B_i \Omega_i = \int_0^1 \Phi_i \dot{\eta}_0 d\xi \quad (i = 1, 2, \cdots) \quad (4.64)$$

となる．これにより全ての未知数 A_i と B_i を決定することができ，式 (4.61) に代入することで連続体においても，与えられた初期条件に対して自由振動を求めることができる．

4.3 はりの強制振動

4.3.1 固有振動モード展開

図 4.9 に示すように外力が作用するはりの運動方程式は，自由振動の運動方程式（4.35）に外力項を加え次式となる．

$$\rho A \frac{\partial^2 v}{\partial t^2} + EI \frac{\partial^4 v}{\partial x^4} = f(x,t) \tag{4.65}$$

4.1.5 項と同様に無次元化すると

$$\frac{\partial^2 \eta}{\partial \tau^2} + \frac{1}{\pi^4}\frac{\partial^4 \eta}{\partial \xi^4} = f^*(\xi,\tau) \tag{4.66}$$

を得る．ここで $f(x,t) = f_{ref}f^*(\xi,\tau)$ と置き，$f_{ref} = \pi^4 EI/l^3$ とした．

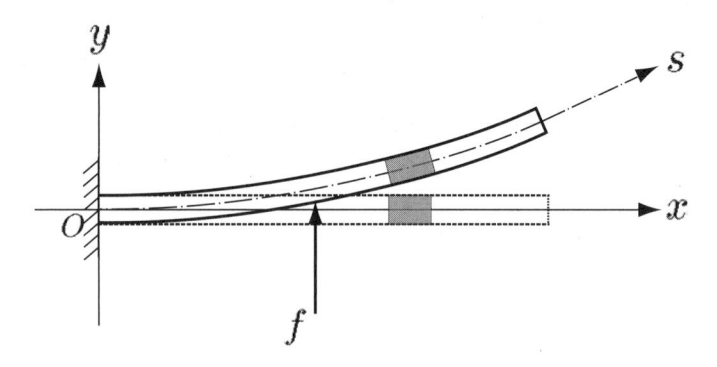

外力項：はりの運動方程式（4.33）は，4.1 節で微小要素に対する運動方程式として導出された．したがって，ここで考える外力項も微小要素に作用する力として考える必要がある．そこで分布力の次元を持つ力 $f(x,t)$ を定義すれば，微小要素に作用する力は $f(x,t)\delta s$ となり，最後に両辺の δs を消去して式（4.65）が求まる．

図 4.9 強制力が作用するはり

この解は，次式のように固有振動モードを示す固有関数の線形和で表すことができると仮定する．

$$\eta(\xi,\tau) = \sum_{i=1}^{\infty} T_i(\tau)\Phi_i(\xi) \tag{4.67}$$

式（4.67）を式（4.66）に代入し，両辺に Φ_j をかけて，$\xi=0$ から $\xi=1$ まで積分すると

$$\sum_{i=1}^{\infty}\left(\int_0^1 \Phi_j\Phi_i \frac{d^2 T_i}{d\tau^2}d\xi + \int_0^1 \frac{\Phi_j}{\pi^4}\frac{d^4 \Phi_i}{d\xi^4}T_i d\xi\right)$$
$$= \int_0^1 \Phi_j f^*(\xi,\tau)d\xi \tag{4.68}$$

となる．ここで固有関数は式（4.40）を満足するので

$$\frac{d^4 \Phi_i}{d\xi^4} = \beta_i^4 \Phi_i \tag{4.69}$$

4.3. はりの強制振動

の関係があり，式 (4.69) を式 (4.68) に代入し，固有関数の直交性 (4.60) を考慮すると次の常微分方程式を得る．

$$\frac{d^2 T_i}{dt^2} + \Omega_i^2 T_i = P_i(\tau) \qquad (i = 1, 2, \cdots) \tag{4.70}$$

ただし，

$$P_i(\tau) = \int_0^1 \Phi_i f^*(\xi, \tau) d\xi \tag{4.71}$$

とした．式 (4.70) は1自由度系の運動方程式と同じように，容易に解くことができ，式 (4.67) に代入すると，はりの強制振動を固有振動モードの和として求めることができる．

【例題 4.1】
両端を単純支持されたはりの $x = x_0$ に集中荷重 $f_0 \sin \omega t$ が作用する場合のはりの応答を求めよ．

【解答 4.1】
集中荷重が作用するはりの運動方程式は，式 (4.65) に対して

$$\rho A \frac{\partial^2 v}{\partial t^2} + EI \frac{\partial^4 v}{\partial x^4} = f_0 \delta(x - x_0) \sin \omega t \tag{4.72}$$

となる．ここで $\delta(x)$ は**ディラックのデルタ関数** (Dirac delta function) である．これを無次元化すると

$$\frac{\partial^2 \eta}{\partial \tau^2} + \frac{1}{\pi^4} \frac{\partial^4 \eta}{\partial \xi^4} = f_0^* \delta^*(\xi - \xi_0) \sin \nu \tau \tag{4.73}$$

となる．ただし

$$f_0 = f_{ref} l f_0^*, \qquad x_0 = l \xi_0$$
$$\delta(x - x_0) = \delta^*(\xi - \xi_0)/l, \qquad \omega = \omega_s \nu$$

とした．

また，両端を単純支持されたはりの固有関数は式 (4.56) より

$$\Phi_i(\xi) = d_i \sin(i \pi \xi) \qquad (i = 1, 2, \cdots) \tag{4.74}$$

と置くと，直交性の定義 (4.60) より

$$\int_0^1 \Phi_i^2(\xi) d\xi = \int_0^1 d_i^2 \sin^2(i \pi \xi) d\xi = \frac{1}{2} d_i^2 = 1 \tag{4.75}$$

となり，$d_i^2 = 2$ を得る．また，式 (4.71) は

$$P_i = f_0^* \int_0^1 d_i \sin(i \pi \xi) \delta^*(\xi - \xi_0) \sin \nu \tau d\xi$$
$$= f_0^* d_i \sin(i \pi \xi_0) \sin \nu \tau \tag{4.76}$$

集中荷重の表現: デルタ関数は $x = 0$ において大きさ ∞ であるから積分値が1であるので，集中荷重を表すためには，便利な関数である．集中荷重はデルタ関数を所定の位置に平行移動して振幅の時間変化を与える関数を掛けることで表すことができる．

となる．

　　したがって，式 (4.73) は，

$$\frac{d^2 T_i}{d\tau^2} + \Omega_i^2 T_i = f_0^* d_i \sin(i\pi\xi_0) \sin\nu\tau \tag{4.77}$$

となり，式 (4.77) を解くと強制振動の時間成分は次式となり，

$$T_i = \frac{d_i f_0^* \sin(i\pi\xi_0)}{(\Omega_i^2 - \nu^2)} \sin\nu\tau \tag{4.78}$$

これを式 (4.67) に代入し，集中荷重が作用する場合の強制振動を次式のように固有振動モードの和として求めることができる．

$$\eta(\xi,\tau) = 2f_0^* \sum_{i=1}^{\infty} \frac{\sin(i\pi\xi_0)}{\Omega_i^2 - \nu^2} \sin(i\pi\xi) \sin\nu\tau \tag{4.79}$$

4.3.2 ラプラス変換による解法

　　はりの横振動の運動方程式 (4.66) を**ラプラス変換** (Laplace transform) で解く．まず，$\eta(\xi,\tau)$ と $f^*(\xi,\tau)$ の時間 τ に関するラプラス変換を $\overline{V}(\xi,s)$ と $\overline{F}(\xi,s)$ とし，初期条件を $\eta(\xi,0) = 0$，$\partial\eta(\xi,\tau)/\partial\tau|_{\tau=0} = 0$ とすると，運動方程式 (4.66) のラプラス変換は，

$$\frac{\partial^4 \overline{V}(\xi,s)}{\partial \xi^4} + \pi^4 s^2 \overline{V}(\xi,s) = \pi^4 \overline{F}(\xi,s) \tag{4.80}$$

となる．ここで，左辺第二項の係数を

$$\pi^4 s^2 = -\beta^4 \tag{4.81}$$

と置き，空間 ξ についても同様に考え，$\overline{V}(\xi,s)$ と $\overline{F}(\xi,s)$ の ξ に関するラプラス変換を $\overline{\overline{V}}(p,s)$ と $\overline{\overline{F}}(p,s)$ と置くと，式 (4.80) のラプラス変換は，

$$p^4 \overline{\overline{V}}(p,s) - p^3 \overline{V}(0,s) - p^2 \overline{V}'(0,s) - p\overline{V}''(0,s)$$
$$- \overline{V}'''(0,s) - \beta^4 \overline{\overline{V}}(p,s) = \pi^4 \overline{\overline{F}}(p,s) \tag{4.82}$$

となる．さらに $\overline{\overline{V}}(p,s)$ について解くと

$$\overline{\overline{V}}(p,s) = \frac{p^3}{p^4 - \beta^4}\overline{V}(0,s) + \frac{p^2}{p^4 - \beta^4}\overline{V}'(0,s)$$
$$+ \frac{p}{p^4 - \beta^4}\overline{V}''(0,s) + \frac{1}{p^4 - \beta^4}\overline{V}'''(0,s)$$
$$+ \frac{\pi^4}{p^4 - \beta^4}\overline{\overline{F}}(p,s) \tag{4.83}$$

時間と空間のラプラス変換による解法については第 3 章の参考書に詳しい．

ラプラス変換に関する注意：ラプラス変換子 s は，4.1 節で定めたはりに沿った s 軸とは別である．また初期条件を考慮して解くことも可能であるが，ここでは空間を含めたラプラス変換の解法を示し，伝達関数を求めることを目的とするので，変位と速度の初期条件はともに 0 とした．

s, β, ν の関係：$s = j\nu$ と置くと，式 (4.39) の $(\beta/\pi)^4 = \Omega^2$ と同じ関係式 $(\beta/\pi)^4 = \nu^2$ となる．β は s の関数である．

を得る．ここで，$\overline{V}'(0,s)$, $\overline{V}''(0,s)$, $\overline{V}'''(0,s)$ は $\partial\eta(\xi,\tau)/\partial\xi|_{\xi=0}$, $\partial^2\eta(\xi,\tau)/\partial\xi^2|_{\xi=0}$, $\partial^3\eta(\xi,\tau)/\partial\xi^3|_{\xi=0}$ の τ に関するラプラス変換を表している．式 (4.83) を，p に関して逆ラプラス変換すれば，

$$\overline{V}(\xi,s) = \frac{\overline{V}(0,s)}{2}(\cosh\beta\xi + \cos\beta\xi) + \frac{\overline{V}'(0,s)}{2\beta}(\sinh\beta\xi + \sin\beta\xi)$$
$$+ \frac{\overline{V}''(0,s)}{2\beta^2}(\cosh\beta\xi - \cos\beta\xi) + \frac{\overline{V}'''(0,s)}{2\beta^3}(\sinh\beta\xi - \sin\beta\xi)$$
$$+ \frac{\pi^4}{2\beta^3}\int_0^\xi \overline{F}(\chi,s)\{\sinh\beta(\xi-\chi) - \sin\beta(\xi-\chi)\}d\chi$$
(4.84)

式 (4.83) の第 5 項が p 領域において積であることより，その逆変換が畳み込み積分となることを利用した．

を得る．この解 (4.84) に $\xi=0$ と $\xi=1$ における境界条件を適用し，さらに s に関して逆ラプラス変換すれば $\eta(\xi,\tau)$ を得ることができる．

ここで，例題 4.1 と同様に，両端を単純支持されたはりの $x=x_0$ に集中荷重 $f(t)$ が作用する場合をラプラス変換で解く．運動方程式は

$$\rho A \frac{\partial^2 v}{\partial t^2} + EI \frac{\partial^4 v}{\partial x^4} = f(t)\delta(x-x_0) \tag{4.85}$$

で与えられ，無次元化された運動方程式は

$$\frac{\partial^2 \eta}{\partial \tau^2} + \frac{1}{\pi^4}\frac{\partial^4 \eta}{\partial \xi^4} = f^*(\tau)\delta^*(\xi-\xi_0) \tag{4.86}$$

となる．式 (4.84) より

$$\overline{V}(\xi,s) = \frac{\overline{V}'(0,s)}{2\beta}(\sinh\beta\xi + \sin\beta\xi) + \frac{\overline{V}'''(0,s)}{2\beta^3}(\sinh\beta\xi - \sin\beta\xi)$$
$$+ \frac{\pi^4 \overline{F}(s)}{2\beta^3}\int_0^\xi \delta(\chi-\xi_0)\{\sinh\beta(\xi-\chi) - \sin\beta(\xi-\chi)\}d\chi$$
(4.87)

となる．ここで $\xi=1$ における境界条件 $\overline{V}(1,s)=0$ と $\partial^2\overline{V}(\xi,s)/\partial\xi^2|_{\xi=1}=0$ を適用すれば

$$\overline{V}(\xi,s) = \frac{\pi^4 \overline{F}(s)}{2\beta^3}\Big[-\frac{\sinh\beta(1-\xi_0)}{\sinh\beta}\sinh\beta\xi + \frac{\sin\beta(1-\xi_0)}{\sin\beta}\sin\beta\xi$$
$$+ \{\sinh\beta(\xi-\xi_0) - \sin\beta(\xi-\xi_0)\}u(\xi-\xi_0)\Big]$$
(4.88)

を得る．したがって，力 $\overline{F}(s)$ と変位 $\overline{V}(\xi,s)$ の伝達関数 $\overline{G}(\xi,s)$ は

周波数応答関数: もし外力が周期力 $f_0^* \sin \nu\tau$ の場合には $s = j\nu$ を代入すれば，周波数応答関数を複素関数として得ることができ，はりの任意の点のゲインと位相が求まる．また，任意の振動数におけるはりの形状を与える．

$$\begin{aligned}\overline{G}(\xi, s) &= \frac{\overline{V}(\xi, s)}{\overline{F}(s)} \\ &= \frac{\pi^4}{2\beta^3}\Big[-\frac{\sinh\beta(1-\xi_0)}{\sinh\beta}\sinh\beta\xi + \frac{\sin\beta(1-\xi_0)}{\sin\beta}\sin\beta\xi \\ &\quad + \{\sinh\beta(\xi-\xi_0) - \sin\beta(\xi-\xi_0)\}u(\xi-\xi_0)\Big]\end{aligned} \quad (4.89)$$

となる．

第 4 章の参考書

(1) 三浦宏文他 "機械力学－機構・運動・力学－" 朝倉書店, 2001.
- 弦の問題を例に，1 自由度系から多自由度系，さらに無限自由度系までの展開を示している．

(2) 得丸英勝 "振動論" コロナ社, 1973.
- はりの横振動について，Timoshenko のせん断変形を考慮した運動方程式の導出が解説されている．

(3) 小林繁夫, 近藤恭平 "弾性力学" 培風館, 1987.
- 弾性力学の視点からのよい参考書である．

──── 演習問題 ────

問題 4.1 はりの横振動の運動方程式を導出せよ．

問題 4.2 式 (4.31) の右辺第 1 項と第 2 項のオーダー評価を，$h \times b$ の長方形断面に対して行い，第 1 項，2 項の影響を比較せよ．ただし，たわみ角を $\varphi \sim (h/l)$ とする．

問題 4.3 式 (4.31) において，初期張力 T が十分に大きく，右辺第 2 項が支配的な場合には，式 (4.31) が弦の運動方程式に帰着することを示せ．また，両端固定の場合について固有振動モードと固有角振動数を求めよ．

問題 4.4 長さ $l = 0.5$m，直径 $d = 20$mm の鋼製の丸棒の両端が軸受けで支持されている．この棒の横振動の固有振動数を 3 次まで求めよ．ただし，軸受けによる境界条件は，両端単純支持または固定支持とみなすことができるとする．また，軸の両端が固定支持されている場合の縦振動とねじり振動の振動数方程式は，どちらも同じ

$$\sin\left(\frac{\omega}{c}l\right) = 0 \qquad (4.90)$$

で与えられる．縦振動とねじり振動の固有振動数を 3 次まで求め，はりの横振動の値と比較せよ．ただし，縦弾性係数を E，横弾性係数を G とすると，縦振動では $c^2 = E/\rho$，ねじり振動では $c^2 = G/\rho$ である．

コーヒーブレイク

両端を固定支持されたはりの振動数方程式は，表 4.2 より，

$$1 - \cos\beta \cosh\beta = 0 \tag{4.91}$$

である．この解は，ニュートン・ラフソン法などの数値計算法で求めることができるが，式 (4.91) を変形すると，

$$\cos\beta = \frac{1}{\cosh\beta} \tag{4.92}$$

であるので，図 4.10 に示すように両辺の二つの関数（実線）の交点としておよその値を知ることができる．図 4.10 より cos 関数の正側で，1.5π，2.5π，… の左右近傍で交互に交点を持ち，その偏差は指数関数的に減少し $(i+0.5)\pi$ に収束することがわかる．詳しい数値を表 4.2 に示す．

また，両端自由支持の場合も，表 4.2 に示すように同じ振動数方程式であるので同じ解となる．ただしどちらも $\beta_i = 0$ で交点を持っているが，両端自由支持の場合は静止以外の有意な解（剛体モード）である．表 4.2 に示す片持ちはり（固定－自由）の場合は，式 (4.92) の右辺は $-1/\cosh\beta$ となり，図 4.10 に破線で示すように cos 関数の負側で，0.5π，1.5π，… の左右近傍で交互に交点を持つ．

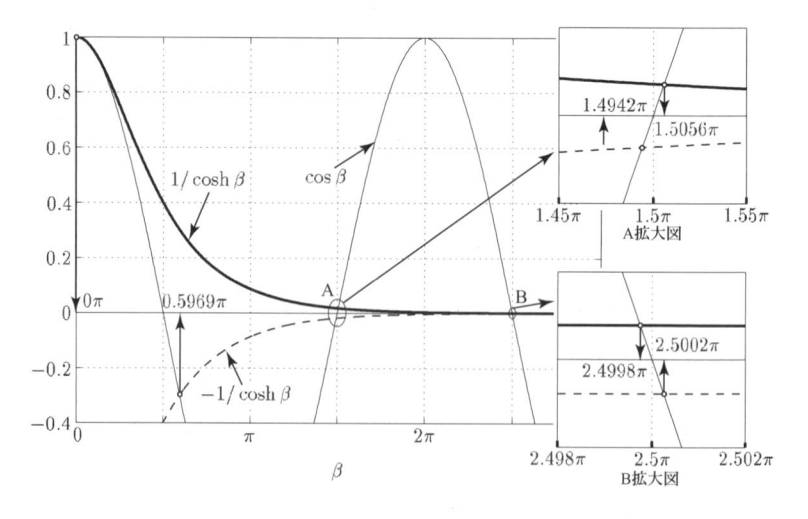

図 **4.10** 振動数方程式の解

5.
拘束を伴う剛体系の動力学

　本章では，3章で取扱った一つの剛体に対する力学的取扱いを，複数の剛体要素からなる系に拡張して適用する方法を学ぶ．このような系では，各要素はそれぞれ拘束条件を伴って結合されている．ここではまず，代表的な応用例として3剛体を有するスライダ-クランク機構について考える．各要素の慣性力を考慮した運動方程式を導き，運動学的に決定される機構の運動形態に伴って要素間に作用する動的な力の評価について検討する．

　次に，単純な系を題材として，主に拘束条件下での質点や剛体の運動解析法の基礎を学び，ロボットアームや車両の運動の議論などに用いられる**マルチボディダイナミクス**（**多体系動力学**，multibody dynamics）の基礎概念を理解する．

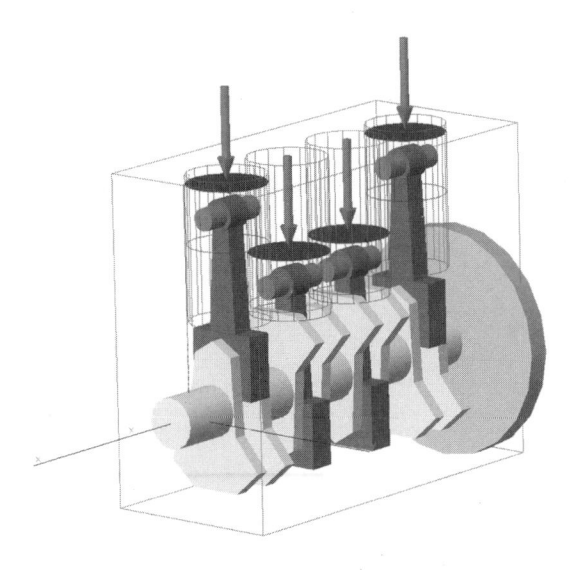

図 5.1　スライダ-クランク機構
自動車のエンジンなどに用いられるスライダ（ピストン）-クランク機構は，回転運動を往復運動に変換する典型的な機構の動力学の題材である．（提供　インテックジャパン（株））

5.1 スライダ-クランク機構

5.1.1 スライダ-クランク機構の解析モデル

機械システムの中には，多くの往復運動が見受けられる．特に，回転運動を往復運動に変換する図 5.1 のような機構をスライダ-クランク機構といい，自動車のエンジン部など多くの機械に用いられ，主要な機構の一つである．ここでは，このスライダ-クランク機構を例として，往復機械の力学について説明する．

スライダ-クランク機構では，図 5.2 に示すようにクランク (crank)，連接棒（コンロッド，connecting rod），スライダ (slider)，台座の 4 つの主要部品から構成される．クランクの回転に伴い，力が連接棒を介してスライダに伝達され，スライダが往復運動する．この回転運動の並進運動への変換は，各要素が回転自由などの拘束の下で連結されていることによって実現されるものである．このように，運動学的な要素間の拘束を考慮し，系に運動を与えて各要素間に作用する力を求めることは，近年急速な発展を遂げているマルチボディダイナミクス（多体系動力学）における典型的な問題といえる．

機械の運動： 一般に機械の運動は，運動学，静力学，動力学によって議論される．運動学とは，機械にある機能が要求されたとき，機械要素の組み合わせを考えてそれを実現する，あるいはその機能を有する機械の運動形態を議論するものである．運動学では，複数の物体で構成される機構や機械が，一定の拘束を受けながらその機能を実現する際の，主に変位，速度，加速度といった運動の情報が議論の対象となる．

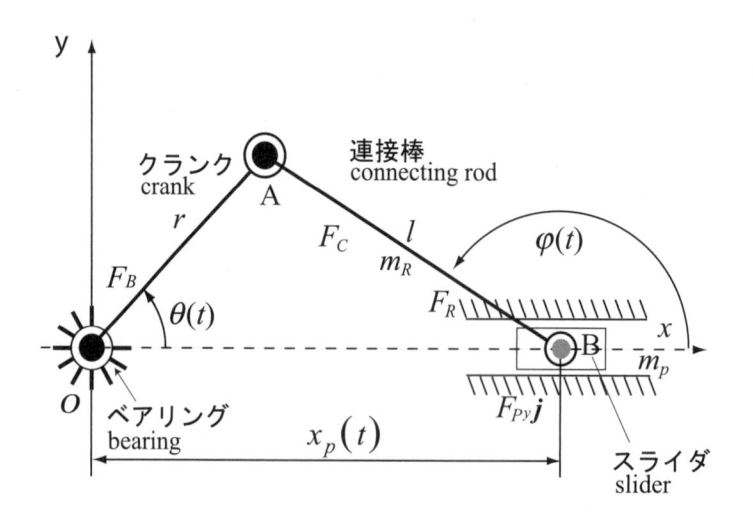

図 **5.2** スライダ-クランク機構

5.1.2 機構の運動学的検討

まず，スライダ-クランク機構の運動について，運動学的な検討を行う．スライダ-クランク機構では，各要素が連結されていることにより，すなわち各要素間の拘束により，機構としての運動の自由度は1である．これは，クランクの回転運動とスライダの往復運動が独立ではないことを示している．このことは，図5.2に示されるスライダの位置 x_p や，クランクと連接棒が連結されている条件が次のように表現されることからも明らかである．

$$r\cos\theta - l\cos\varphi = x_p \qquad (5.1)$$

$$r\sin\theta = l\sin\varphi \qquad (5.2)$$

つまり，この2式により x_p は θ のみの関数として表現される．さらに，これらから各要素の速度関係が導かれる．

$$\dot{\varphi} = \frac{r\cos\theta}{l\cos\varphi}\dot{\theta} \qquad (5.3)$$

$$\dot{x}_p = -r\dot{\theta}(\sin\theta - \tan\varphi\cos\theta) \qquad (5.4)$$

このように，クランクの回転角 θ により連接棒，スライダの位置 φ, x_p が，従属的に決定される．一般にいくつかの機械部品によって構成される機構では，各物体（部品）が有する運動の自由度が，拘束による抵抗力やモーメント（拘束力，拘束モーメント）の作用によって減じられ，その機構全体の自由度が1となることによって，機構としての有効な働きが実現される．この拘束下での運動は，機構の構成が破綻をきたさない限り持続される．運動解析上で，各要素間で伝達される力，モーメントなどを求めるためには，動力学的な扱いが必要となる．

5.1.3 機構の各要素に作用する力の評価

ここでは，図5.2のようなスライダ-クランク機構において，クランク，連接棒，スライダの運動を支配する方程式から，連接棒がクランクに及ぼす力 $\boldsymbol{F}_C$，台座がスライダに及ぼす力 $\boldsymbol{F}_{Py}$ を調べる．これらの力は，各要素が対偶をなし，平面連鎖を構成することにより生じる．以下に，これらの力を導出する手順を示す．

式 (5.1) ～ (5.4) に表されるように，クランクの回転角 θ を与えると，スライダの変位 x や速度 $\dot{x}$ が決定される．しかしながら，要素間に作用する力やモーメントは，運動学の範囲では決定することができない．

対偶： 対偶とは，機械要素の組み合わせを考えるとき，互いに接する要素の組み合わせをいう．

a. 力とモーメントの動的釣り合い式

連接棒に作用する力と，重心周りのモーメントの釣り合い式を立て，連接棒からスライダーに作用する力 F_R を消去すると，連接棒の B 点周りのモーメントの釣り合い式

$$\int s \times dm \ddot{s} - z_B \times m_R \ddot{S}_G = -l \times F_C \tag{5.5}$$

が得られ，スライダの並進運動を支配する方程式と連接棒に作用する力の釣り合い式から F_R を消去すると

$$m_P \ddot{x}_P i + m_R \ddot{S}_G = -F_C + F_{P_y} j \tag{5.6}$$

が得られる．ここで，z_B は点 B からみた連接棒重心 G の位置ベクトルで，その大きさが z_0，m_R は連接棒の質量，S_G は連接棒の重心を示す位置ベクトル，α は図 5.3(a) に示す e_l と重心位置からの微小質量を示す位置ベクトル $s = s(\cos\alpha e_l + \sin\alpha e_\varphi)$ のなす角 ($|s| = s$) である．

式 (5.5) 左辺第 1 項 $\int s \times dm \ddot{s}$ は，連接棒内の微小質量 dm が持つ慣性力により発生する重心周りのモーメントである．図 5.3(b) に示すように，位置ベクトル s の時間に関する 2 階微分は，

$$\ddot{s} = s(\cos\alpha \ddot{e}_l + \sin\alpha \ddot{e}_\varphi) \tag{5.7}$$

と表される．また，$\ddot{e}_l = -\dot{\varphi}^2 e_l + \ddot{\varphi} e_\varphi$，$\ddot{e}_\varphi = -\ddot{\varphi} e_l - \dot{\varphi}^2 e_\varphi$ の関係があるので，

$$\ddot{s} = s\{(-\dot{\varphi}^2 \cos\alpha - \ddot{\varphi}\sin\alpha)e_l + (\ddot{\varphi}\cos\alpha - \dot{\varphi}^2 \sin\alpha)e_\varphi\} \tag{5.8}$$

$$s \times \ddot{s} = s^2 \ddot{\varphi} k \tag{5.9}$$

i, j, k は x, y, z 方向の単位ベクトルである．

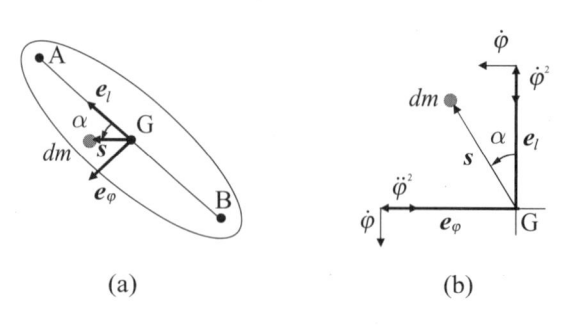

図 5.3 連接棒上の微小質量 dm の位置ベクトル s と単位ベクトル e_l, e_φ の加速度成分

と表され，次式を得る．

$$\int \boldsymbol{s} \times dm\ddot{\boldsymbol{s}} = \int s^2 dm \ddot{\varphi}\boldsymbol{k} \equiv I_R \ddot{\varphi}\boldsymbol{k} \tag{5.10}$$

導出については 3.1 節を参照．

次に，式 (5.5) 左辺第 2 項については，

$$\boldsymbol{S}_G = x_P \boldsymbol{i} + z_0 \boldsymbol{e}_l, \quad \ddot{\boldsymbol{S}}_G = \ddot{x}_P \boldsymbol{i} + z_0(-\dot{\varphi}^2 \boldsymbol{e}_l + \ddot{\varphi}\boldsymbol{e}_\varphi) \tag{5.11}$$

なる関係を用いることによって，

$$-\boldsymbol{z}_B \times m_R \ddot{\boldsymbol{S}}_G = m_R z_0 \boldsymbol{e}_l \times \{\ddot{x}_P \boldsymbol{i} + z_0(-\dot{\varphi}^2 \boldsymbol{e}_l + \ddot{\varphi}\boldsymbol{e}_\varphi)\}$$
$$= -m_R z_0 \ddot{x}_P \sin\varphi \boldsymbol{k} + m_R z_0^2 \ddot{\varphi}\boldsymbol{k} \tag{5.12}$$

と表されることがわかる．さらに，式 (5.5) 右辺については，

$$\boldsymbol{l} \times \boldsymbol{F}_C = \begin{vmatrix} \boldsymbol{i} & \boldsymbol{j} & \boldsymbol{k} \\ l\cos\varphi & l\sin\varphi & 0 \\ F_{C_x} & F_{C_y} & 0 \end{vmatrix}$$
$$= l(F_{C_x}\cos\varphi - F_{C_y}\sin\varphi)\boldsymbol{k} \tag{5.13}$$

と記述される．

以上より，式 (5.5) を成分表示すると次式を得る．

$$F_{C_x} l\sin\varphi - F_{C_y} l\cos\varphi$$
$$= (I_R + m_R z_0^2)\ddot{\varphi} - m_R z_0 \ddot{x}_P \sin\varphi \tag{5.14}$$

式 (5.6) について同様の検討をし，成分表示すると

$$\boldsymbol{S}_G = x_P \boldsymbol{i} - \boldsymbol{z}_B = x_P \boldsymbol{i} + z_0(\cos\varphi \boldsymbol{i} + \sin\varphi \boldsymbol{j}) \tag{5.15}$$
$$\ddot{\boldsymbol{S}}_G = \{\ddot{x}_P - z_0(\dot{\varphi}^2\cos\varphi + \ddot{\varphi}\sin\varphi)\}\boldsymbol{i}$$
$$+ z_0(-\dot{\varphi}^2\sin\varphi + \ddot{\varphi}\cos\varphi)\boldsymbol{j} \tag{5.16}$$

であるので，

$$m_P \ddot{x}_P \boldsymbol{i} + m_R[\{\ddot{x}_P - z_0(\dot{\varphi}^2\cos\varphi + \ddot{\varphi}\sin\varphi)\}\boldsymbol{i}$$
$$+ z_0(-\dot{\varphi}^2\sin\varphi + \ddot{\varphi}\cos\varphi)\boldsymbol{j}]$$
$$= -F_{Cx}\boldsymbol{i} - F_{Cy}\boldsymbol{j} + F_{Py}\boldsymbol{j} \tag{5.17}$$

を得る．この式を，(x,y) 方向成分に分解すると，

$$-F_{Cx} = (m_P + m_R)\ddot{x}_P - m_R z_0(\dot{\varphi}^2\cos\varphi + \ddot{\varphi}\sin\varphi) \tag{5.18}$$

$$-F_{Cy} + F_{Py} = m_R z_0(-\dot{\varphi}^2\sin\varphi + \ddot{\varphi}\cos\varphi) \tag{5.19}$$

図 5.2 に示される $\boldsymbol{F}_R$ は $\boldsymbol{F}_C$ と $\boldsymbol{F}_{P_y}$ が求まれば，最初に立てた連接棒に作用する力の釣り合い式から求まる．さらにクランクがベアリングに作用する力 $\boldsymbol{F}_B$ もクランクに作用する力の釣り合い式から求まる．

の関係がある．

式 (5.18), (5.19) によれば，スライダの運動は，x 方向にはクランク，連接棒の間に作用する拘束力と，連接棒の回転運動による慣性力が作用することがわかる．また，台座とスライダ間に作用する拘束力 F_{Py} (y 方向) についても，同様にクランク，連接棒間に作用する拘束力と連接棒の回転運動による慣性力によるものである．

b. 要素間の拘束により生じる力

一般にスライダ-クランク機構では，クランクの回転運動を既知として運動学的な機構の運動が与えられ，これに伴う連接棒，スライダの挙動を調べることで，各要素間に作用する力，モーメントの動的問題が議論されることが多い．また式 (5.18), (5.19) では，φ, x_p を用いて連接棒，スライダの運動が記述されるが，本来スライダ-クランク機構の連鎖の自由度は 1 である．そこでこの観点から，クランクの回転角 $\theta(=\omega t)$ を用いて，座標変数の関係を整理し，クランク，連接棒間に作用する拘束力と，スライダ，台座間の拘束力について調べてみよう．この機構の拘束条件式は，前述のとおり，

$$r\sin\theta = l\sin\varphi \quad \rightarrow \quad \sin\varphi = \lambda\sin\theta \quad (\lambda = r/l) \quad (5.20)$$

である．一般に，$1/5 < \lambda < 1/3$ 程度となることが多い．式 (5.20) 後半より，

$$\cos\varphi = -\sqrt{1 - \lambda^2 \sin^2\theta} = -1 + \frac{\lambda^2}{4}(1 - \cos 2\theta) + O(\lambda^4)$$

と書くことができる．ここで，$\lambda \ll 1$ としてテイラー展開を用いた．この関係を用いると，式 (5.20) の時間微分 $\dot\varphi\cos\varphi = \lambda\omega\cos\theta$ により以下を得る．

$$\begin{aligned}
\dot\varphi &= \lambda\omega\frac{\cos\theta}{\cos\varphi} = -\lambda\omega\cos\theta + O(\lambda^3), \\
\ddot\varphi &= \lambda\omega^2\sin\theta + O(\lambda^3)
\end{aligned} \quad (5.21)$$

一方，スライダの並進運動については，

$$\begin{aligned}
x_P &= r\cos\theta - l\cos\varphi \\
&= l + r - r\left\{1 - \cos\theta + \frac{\lambda}{4}(1 - \cos 2\theta) + O(\lambda^3)\right\}
\end{aligned} \quad (5.22)$$

$$\dot x_P = -r\omega\left(\sin\theta + \frac{\lambda}{2}\sin 2\theta\right) + O(\lambda^3) \quad (5.23)$$

$$\ddot x_P = -r\omega^2\left(\cos\theta + \lambda\cos 2\theta\right) + O(\lambda^3) \quad (5.24)$$

式 (5.24) に示されるように，スライダの加速度には高調波成分（右辺第2項，ここではクランクの回転に対して2倍の角振動数）が現れることが推察される．

以上の φ および x_p についての関係式を用いることにより，与えられたクランクの回転角 θ を用いて，各要素間に作用する力（**拘束力**，constraint force）を次のように得ることができる．

$$F_{Cx} = (m_P + m_R)r\omega^2 \cos\theta \\ + \lambda\{(m_P + m_R)r - \lambda m_R z_0\}\omega^2 \cos 2\theta + +O(\lambda^3) \tag{5.25}$$

$$F_{Cy} = \lambda\frac{(I_R + m_R z_0^2)}{l}\omega^2 \sin\theta \\ + \frac{\lambda}{2}\left\{-(m_P + m_R) + m_R\frac{z_0}{l}\right\}r\omega^2 \sin 2\theta + O(\lambda^2) \tag{5.26}$$

$$F_{Py} = \lambda\left\{\frac{(I_R + m_R z_0^2)}{l} - m_R z_0\right\}\omega^2 \sin\theta \\ + \frac{\lambda}{2}\left\{-(m_P + m_R) + m_R\frac{z_0}{l}\right\}r\omega^2 \sin 2\theta + O(\lambda^2) \tag{5.27}$$

式 (5.25) 〜 (5.27) において，与えられるべきパラメータはクランクの回転角 θ のみで，これは一般に既知である．このように，スライダ-クランク機構では拘束を伴う平面連鎖であるので，その運動は一つのパラメータで決定され，各機械要素間に発生する力やモーメントも，未知数を増やすことなく動力学的な扱いによって求めることができる．

5.2 拘束を伴う剛体系の支配方程式の一般的誘導

5.2.1 拘束条件の概念

前節で述べたように，機械や機構の挙動を考えると，支持点を有したり，部品同士が連結されているなど，何らかの拘束を受けながら運動していることに気がつく．ここでは，剛体の運動に**拘束条件** (constraint condition) がついた場合に，その拘束条件を代数方程式として記述し，この代数方程式を満たしながら運動を表す微分方程式を解く方法について説明する．まず，拘束の概念を整理するために，身近な例題として図 5.4 に示すような質量を無視できる長さ l の糸と，質量 m の質点から成る単振子を考える．質点は，平面上を

> 拘束を伴う剛体系の運動を考えるとき，未知数（座標変数）と運動方程式および拘束式の数が合致する．この概念をまず質点系の代表例である単振り子によって理解し，続いて剛体系に対応する一般的扱いについて説明する．なお，本書では，基礎概念の理解のため平面運動に限っている．

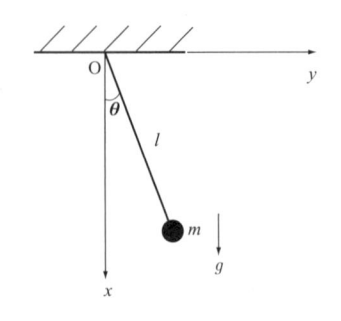

図 5.4 単振子

運動するので，その自由度は 2 である．ところがよく知られているように，鉛直軸 x からの糸のなす角度 θ を用いると，下記のように支持点 O 点周りのモーメントの釣り合い式のみで，すなわち 1 自由度系としてこの運動は記述される．

$$ml^2\ddot{\theta} + mgl\sin\theta = 0 \tag{5.28}$$

そこでこの運動を x, y 方向について考えてみよう．このとき，運動方程式は以下のように記述される．

$$m\ddot{x} = mg - T\cos\theta, \qquad m\ddot{y} = -T\sin\theta \tag{5.29}$$

ここで，T は質点に作用する糸の張力である．いま，

$$\theta = \tan^{-1} y/x \tag{5.30}$$

であるので，未知数は x, y, T の三つであるが，方程式は二つしかないため，この方程式系は解くことができない．そこで張力 T はなぜ発生するのかを考えると，質点が糸によって支持点と結合されていることがその理由であることがわかる．すなわち，質点は，

$$x^2 + y^2 = l^2 \tag{5.31}$$

で表される円弧上を運動するように拘束されている．以上，式 (5.29), (5.31) による 3 式によって質点の運動が記述されている．ここで，式 (5.31) は，

$$x = l\cos\theta, \qquad y = l\sin\theta \tag{5.32}$$

をそれぞれ 2 乗して加え合わせたものであるので，これらを式 (5.29) に代入し，若干の数学的操作を加えると式 (5.28) に帰着される（問題 5.3 参照）．つまり単振子の運動方程式 (5.28) は，支持

点周りに発生するモーメントの釣り合いを考えた点で，糸に結合される拘束を考慮して記述されているのである．このように，機械や機構の動力学を考える際，拘束条件を考慮することは系の自由度を減じることになる一方で，拘束による力やモーメントが発生するため，解析手法における工夫が要求されることがしばしばである．

5.2.2 剛体系における拘束力

一般に，何らかの拘束が物体に作用するとき，その物体には拘束力やモーメントが作用する．ここでは物体間の幾何学的な位置が拘束される，比較的簡単な場合の拘束条件と拘束力について説明する．前節での単振子では，糸が支持点から受ける力（張力）が拘束力に当る．また，鉄道の車輪はレール上を転動するように拘束されているが，このときも車輪はレールから拘束力を受けている．これらは反力として取り扱われることもある．

これらの拘束力は，物体の運動方向に対して垂直方向に作用するという性質を持つ．上記の二つの例でその性質を確認していただきたい．これらの拘束においては，質点の位置が支持点から常に一定の距離にある，あるいは車輪上の接触点がレール上の接触点と一致するといった位置拘束がなされている．

位置拘束が，

$$g(\boldsymbol{q}, t) = 0 \tag{5.33}$$

で表される場合を考える．ここで，$\boldsymbol{q}$ は**一般化座標** (generalized coordinates) であり，前述の単振子の例題では上式は，式 (5.31) に相当し，$\boldsymbol{q} = [x \ y]^T$ である．拘束力が**ポテンシャル** (potential) から導かれると考え，このポテンシャルを

$$V = \Phi(g) \tag{5.34}$$

と表す．

$g(\boldsymbol{q}, t) = 0$ が満たされるとしているので，このポテンシャル Φ を $g(\boldsymbol{q}, t) = 0$ の周りでテイラー展開すれば，

$$V = \Phi'(0)g + \frac{1}{2}\Phi''(0)g^2 + \cdots \tag{5.35}$$

となる．式 (5.35) およびこれ以後では，$'$ は $\boldsymbol{g}$ による偏微分を示す．安定な拘束の実現はこのポテンシャルが $\boldsymbol{g} = 0$ において最小に

一般的な拘束を伴う動力学系の定式化（文献 (3)）について，ランチョスはおおむね以下のような解釈を与えている．

ここでは，一つの拘束条件式とこれにより発生する拘束力との関係を物理的に解釈することを試みている．複数の拘束条件がある場合への一般化も可能である．後掲の例題においては，単振子を題材としてこの関係を別の角度から議論している．

ポテンシャル：一般に，作用する力 $\boldsymbol{F}$ がある関数 $\Phi(x, y, z)$ を用いて，$\boldsymbol{F} = -\nabla\Phi$ と表現されるとき，Φ を力 $\boldsymbol{F}$ のポテンシャルという．

なるということであるから，このための条件として

$$\Phi'(0) = 0, \quad \Phi''(0) = \frac{1}{\varepsilon} > 0 \tag{5.36}$$

が成り立つ．ここで ε は正の無限小量である．

したがって，ポテンシャルエネルギは，

$$V = \frac{g^2}{2\varepsilon} + O(g^3) \tag{5.37}$$

として表現されるであろう．これから得られる拘束力は，

$$\boldsymbol{F} = -\frac{\partial V}{\partial \boldsymbol{q}} = -\frac{1}{\varepsilon} g \frac{\partial g}{\partial \boldsymbol{q}} = \boldsymbol{G}^T \boldsymbol{\lambda} \tag{5.38}$$

である．ここで，$\boldsymbol{G}^T$ は，$g(\boldsymbol{q},t)$ のヤコビアン (Jacobian)，また $\boldsymbol{\lambda}$ はラグランジュの未定係数と呼ばれる．

力の作用と釣り合い: 力の作用，反作用の釣り合いは仮想仕事の原理により表現され，拘束力がポテンシャル Φ から導かれることを前提とすると，系のポテンシャルが極値となることを意味する．すなわち，仮想仕事の原理は，$\delta W = -\delta \Phi = 0$ と書くことができる．

ヤコビアン: 拘束力を $\boldsymbol{\lambda} = -(1/\varepsilon)\boldsymbol{g}$，$\boldsymbol{G} = \partial \boldsymbol{g}/\partial \boldsymbol{q}$ と分けると，$\boldsymbol{G}$ はヤコビアンである．一方 ε は微小量を仮定しているので，拘束力 $\boldsymbol{F}$ が（拘束条件を満たす程度に）強く作用することを意味する．

【例題 5.1】

上述のように，ポテンシャルから拘束力が導かれる過程の物理的意味を，単振子を例として，位置拘束式とポテンシャルとの関係に着目して考えてみよう．

【解答 5.1】

単振子の拘束式

$$g(\boldsymbol{q},t) = x^2 + y^2 - l^2 = 0 \tag{5.39}$$

を考えると，質点は円軌道を運動するように拘束されている．拘束が満たされている瞬時においては，拘束力の効果は釣り合い状態として表現される．この拘束が破れようとすると，つまり質点が円軌道から離れようとすると，これを拘束するための大きな力が発生する．拘束の破れを数学的に表すために導入した量が，式(5.38)に用いた ε である．ここでは，拘束条件式が

$$g(\boldsymbol{q},t) = x^2 + y^2 - l^2 = \varepsilon f(t) \tag{5.40}$$

と表されていると仮定していることになる．ここで，$f(t)$ は時間に依存した関数である．式(5.37)より，ポテンシャル $V(g)$ は，

$$V(g) = \frac{g^2}{2\varepsilon} \tag{5.41}$$

である．単振り子の質点が安定な拘束状態から外れようとすると，式(5.41)に示すポテンシャルが発生する．g は 0 の近傍の値であ

り，g が 0 に近づけば ε も 0 に近づく．拘束力 F が式 (5.38) で示されるとき，

$$\lambda = \frac{g}{\varepsilon} \tag{5.42}$$

より，

$$g = \varepsilon \lambda \tag{5.43}$$

の関係にあるので，式 (5.40) と比較すると λ は $f(t)$ と等しい．すなわち，ラグランジュの未定係数 λ の物理的意味は，拘束条件の破れの程度であるといえる．拘束式 (5.41) を近似的に満たすような運動が実現されるとき，ポテンシャル $V(g)$ は $g(\boldsymbol{q},t)=0$ の近傍で最小となるように実現されていると捉えることができ，式 (5.37) の形式での記述が仮定されるのである．

【例題 5.2】

ポテンシャル $V(x,y)$ が拘束条件 $g(\boldsymbol{q},t)=0$ を満たしつつ最小値をとるということは，関数の条件付極値問題を考えることと等価である．この問題を，単振子の運動を例として考えよ．

【解答 5.2】

式 (5.39) で与えられた拘束条件の下でポテンシャル $V(x,y)$ が最小となることを考える．拘束式 (5.39) より，

$$y = P(x) = \sqrt{l^2 - x^2} \tag{5.44}$$

と考えることができる．$g(\boldsymbol{q},t)=0$ より，これを満たす $V(x,y)$ が最小となる $(x,y)=(a,b)$ の近傍において，

$$b + \delta y = P(a) + \frac{\partial P}{\partial x}(a)\delta x \tag{5.45}$$

$$\frac{\partial g}{\partial x}(a,b)\delta x + \frac{\partial g}{\partial y}(a,b)\delta y = 0 \tag{5.46}$$

が成り立つので，$b = P(a)$ より，

$$\frac{\delta y}{\delta x} = \frac{\partial P}{\partial x}(a) = -\frac{\partial g/\partial x(a,b)}{\partial g/\partial y(a,b)} \tag{5.47}$$

である．ここで $V(x,y)$ を，$y=P(x)$ を考慮して $V = h(x)$ として表すと，$x=a$ で $\frac{dh}{dx}(a)=0$ であり，

$$\begin{aligned}\frac{dh}{dx}(a) &= \frac{\partial V}{\partial x}(a,b) + \frac{\partial V}{\partial y}(a,b)\frac{\partial y}{\partial x} \\ &= \frac{\partial V}{\partial x}(a,b) - \frac{\partial V}{\partial y}(a,b)\frac{\partial g/\partial x(a,b)}{\partial g/\partial y(a,b)} = 0\end{aligned} \tag{5.48}$$

ここでは y を正の範囲と仮定した．

| ラグランジュの未定係
数の物理的意味の理解,
解釈は容易ではない.
しかしながら変数を消
去する方法は複雑な計
算過程を回避できない
という意味で一般的で
ない. まず本節で扱う
単振子などの例で, 拘
束力の作用について基
本概念, ラグランジュ
の式への適用, 微分代数方
程式の構成と解法をひ
ととおり学ぶのが良い.
その後, ツールに取上げ
た数学的根拠と物理的
意味の総合理解を図る
べきであろう.

と書くことができる.

ここで,

$$\lambda = \frac{\partial V/\partial y(a,b)}{\partial g/\partial y(a,b)} \tag{5.49}$$

と置くと,

$$\frac{\partial V}{\partial x}(a,b) = \lambda \frac{\partial g}{\partial x}(a,b) \tag{5.50}$$

また, 式 (5.49) より

$$\frac{\partial V}{\partial y}(a,b) = \lambda \frac{\partial g}{\partial y}(a,b) \tag{5.51}$$

となる. これらは式 (5.38) に対応していることを確認されたい. ここで, $\partial g/\partial x(a,b)$, $\partial g/\partial y(a,b)$ は, g のヤコビアンの各成分に他ならない. 式 (5.50), (5.51) 左辺はポテンシャルの空間微分で, 拘束力を表している.

■

ツール

ラグランジュの未定係数法$^{(3)}$

式 (5.50), (5.51) の関係は次のように考えることもできる. 系の運動は, 軌道上に拘束される. 軌道上の点 $\boldsymbol{r}$ (ここでは, $\boldsymbol{r} = [x,y]^T$) に対する仮想変位を $\delta\boldsymbol{r}$ とすると, $\boldsymbol{r} + \delta\boldsymbol{r}$ もまた軌道上にあり, $g(\boldsymbol{r} + \delta\boldsymbol{r}, t) = 0$ を満たす. したがって,

$$g(\boldsymbol{r} + \delta\boldsymbol{r}, t) - g(\boldsymbol{r}, t) = \nabla g \cdot \delta\boldsymbol{r} \tag{5.52}$$

が成り立つ. $O((\delta\boldsymbol{r})^2)$ 以下の高次の項を無視すれば,

$$\nabla g \cdot \delta\boldsymbol{r} = 0 \tag{5.53}$$

と書くことができる. 一方, 拘束力 $\boldsymbol{F}$ は仮想変位に対して仕事をしないので,

$$\boldsymbol{F} \cdot \delta\boldsymbol{r} = 0 \tag{5.54}$$

が成り立つ. 式 (5.53), (5.54) は, 拘束力 $\boldsymbol{F}$ および拘束条件式の各変数に対する勾配 ∇g がともに軌道に対して直交していることを示しているので,

$$\boldsymbol{F} = \lambda \nabla g \tag{5.55}$$

と表される（拘束条件が複数ある場合には $\boldsymbol{F}$ が ∇g の 1 次結合で表される）．これは，拘束力 $\boldsymbol{F}$ が，仮想ポテンシャル $V(\boldsymbol{q},t) = \lambda g$ より導かれることを示している．よって，式 (5.36) に示したように，

$$V(\boldsymbol{q},t) = \lambda g = V(g) \tag{5.56}$$

と書くことができる（図 5.5）．

5.2.3 剛体系の運動に対する支配方程式

ここでラグランジュ形式によって記述される運動方程式を考えよう．解析力学の説明によれば，系の運動エネルギを T，ポテンシャルエネルギを U とするとき，**ラグランジアン**（ラグランジュ関数，Lagragian）$L(=T-U)$ を用いて，系の運動方程式は，

$$\frac{d}{dt}\left[\frac{\partial L}{\partial \dot{\boldsymbol{q}}}\right] - \frac{\partial L}{\partial \boldsymbol{q}} = \boldsymbol{Q} \tag{5.57}$$

と記述されることが知られている．ここで，$\boldsymbol{Q}$ は系に作用する外力である．

【例題 5.3】

5.2.1 項で述べた単振子の運動方程式 (5.28) をラグランジュの方法で求めよ．

【解答 5.3】

この系では，

運動エネルギ T : $T = \frac{1}{2}ml^2\dot{\theta}^2$,

ポテンシャルエネルギ U : $U = mgl(1-\cos\theta)$

であるから，

$$L = \frac{1}{2}ml^2\dot{\theta}^2 - mgl(1-\cos\theta)$$

となる．これを，式 (5.57) に適用し，よく知られた単振子の運動方程式が導出されることを確認されたい．
■

さて，式 (5.38) は拘束力がポテンシャルから導かれることを示している．ここでポテンシャルとして外力のポテンシャル U と拘束力のポテンシャル V を考えれば，拘束条件が付いた剛体系の運動は，式 (5.57) ラグランジュの方程式を拡大して，

$$\frac{d}{dt}\left[\frac{\partial L}{\partial \dot{\boldsymbol{q}}}\right] - \frac{\partial L}{\partial \boldsymbol{q}} + \boldsymbol{G}^T\boldsymbol{\lambda} = \boldsymbol{Q} \tag{5.58}$$

> **微分代数方程式:** これまでにみてきたように,拘束条件がついた質点系,剛体系の運動は,力の動的釣り合いを表す運動方程式(微分方程式)を,運動形態の拘束を表す拘束条件式(代数方程式)のもとで解くこととなる.この組み合わせを微分代数方程式といい,いくつかの解法があるがここでは拡大法について説明している.

と表現することができる.以上より,拘束条件が付いた剛体系の運動では,式 (5.58) から得られる運動方程式を,拘束式 (5.58) のもとで解く,すなわち微分方程式と代数方程式を連立して解くこととなり,その表現は**微分代数方程式** (differential algebraic equation) と呼ばれる.

$$M\ddot{q} + G^T\lambda = \widetilde{Q} \tag{5.59}$$
$$g(q,t) = 0 \tag{5.60}$$

ここで式 (5.59) 右辺の $\widetilde{Q}$ は,外力 Q のほかに式 (5.58) 左辺第 1 項($M\ddot{q}$ を除く),第 2 項により生じる項を含む.

さて,この微分代数方程式は,どのように解かれるのであろうか? ここでは,拡大法と呼ばれる一般的な解法について,概要を述べることにする.位置の拘束式 $g(q,t)$ を 2 階微分することによって加速度形式でこれを記述すれば,

$$\frac{D^2}{Dt^2}g(q,t) = (g_q\dot{q})_q\dot{q} + 2g_{qt}\dot{q} + g_{tt} + g_q\ddot{q} = 0 \tag{5.61}$$

となる.ここで,D/Dt は全微分を表す演算子である.これにより,拘束条件が加速度形式で,

$$g_q\ddot{q} = -(g_q\dot{q})_q\dot{q} - 2g_{qt}\dot{q} - g_{tt} = \gamma \tag{5.62}$$

と表せる.これと,運動方程式 (5.59) を連立させ,以下のマトリクス形式で記述された微分方程式系を構成し,これを積分することによって解を得ることができる.

$$\begin{bmatrix} M & g_q^T \\ g_q & 0 \end{bmatrix} \begin{bmatrix} \ddot{q} \\ \lambda \end{bmatrix} = \begin{bmatrix} \widetilde{Q} \\ \gamma \end{bmatrix} \tag{5.63}$$

この微分代数方程式の解法については,積分過程での誤差が入りやすいため,解の安定化が図られることがしばしばである.

ツール

単振子の運動とラグランジュの運動方程式

ハミルトンの原理 (Hamilton's principle) では,質点系の運動について以下のような解釈を与えている.すなわち質点系が時刻 t_1 から t_2 の間に移動するとき,拘束条件を満たし,かつ運動エネルギーとポテンシャルエネルギーの差をこの時間内で積分したものが最小

になるように（停留値を持つ．最大でもよい）運動する．さて，単振り子の運動では，運動エネルギー T とポテンシャルエネルギー U はそれぞれ，

$$T = \frac{1}{2}m(\dot{x}^2 + \dot{y}^2) = \frac{1}{2}ml^2\dot{\theta}^2 \tag{5.64}$$
$$U = mgl(1 - \cos\theta) \tag{5.65}$$

と表される．このとき先に述べたハミルトンの原理では，一般化座標で表される作用素

$$U = \int_{t_1}^{t_2} L(q, \dot{q}, t), \quad (L = T - U) \tag{5.66}$$

が拘束軌道に対して極値を取るということであるので，ここでは，

$$U = \int_{t_1}^{t_2} \left[\frac{ml^2}{2}\dot{\theta}^2 - mgl(1 - \cos\theta)\right] dt \tag{5.67}$$

を考える．この変分 δS は，

$$\begin{aligned}\delta S &= S(\theta + \delta\theta, \dot{\theta} + \delta\dot{\theta}) - S(\theta, \dot{\theta}) \\ &= \int_{t_1}^{t_2} \left[ml^2\dot{\theta}\delta\dot{\theta} - mgl\delta\theta\sin\theta\right] dt \\ &= \left[ml^2\dot{\theta}\delta\dot{\theta}\right]_{t_1}^{t_2} - \int_{t_1}^{t_2} \left[ml^2\ddot{\theta} + mgl\sin\theta\right]\delta\theta dt \end{aligned} \tag{5.68}$$

である．S が極値を取るということは，S の 1 次の変分 δS が 0 であることを意味するので，$\delta\theta(t_1) = \delta\theta(t_2) = 0$ を考慮すると，

$$\delta S = \int_{t_1}^{t_2} \left[ml^2\ddot{\theta} + mgl\sin\theta\right]\delta\theta dt = 0 \tag{5.69}$$

となり，任意の時刻で

$$ml^2\ddot{\theta} + mgl\sin\theta = 0 \tag{5.70}$$

が要求され，単振り子の運動方程式が導かれた．ラグランジアン L を用いると，式 (5.69) は，一般化座標 q を用いて表記した場合の，

$$\delta S = \int_{t_1}^{t_2} \left[\frac{d}{dt}\left(\frac{\partial L}{\partial \dot{q}}\right) - \frac{\partial L}{\partial q}\right]\delta q dt \tag{5.71}$$

に対応している．これより，式 (5.57)

$$\frac{d}{dt}\left(\frac{\partial L}{\partial \dot{q}}\right) - \frac{\partial L}{\partial q} = 0 \tag{5.72}$$

が導かれる．

> ここでは，ラグランジュの方程式が導かれる過程を，単振り子の運動を例として説明している．ラグランジュの運動方程式が，物体の運動がハミルトンの原理によって支配されることを表したものだということを実感してもらいたい．

5.3 剛体振子の支配方程式の誘導

ここでは，前節での拘束条件の扱い方に沿って，図 5.5 に示す質量 m，全長 l の剛体振子の運動解析を行い，支持点から受ける力，すなわち拘束力について検討してみよう．図のように，支点 O に直交する座標系 O-xy を考える．剛体の平面運動を考えているので，重心 G の並進運動，および支持点まわりの回転運動を考え，ここでは一般化座標を，

$$\boldsymbol{q} = [x_G \ y_G \ \theta]^T \tag{5.73}$$

とする．拘束条件式は，O 点で回転自由の拘束を受けていることで，剛体重心位置と支持点間の距離が一定であることから，

$$\boldsymbol{g}(\boldsymbol{q}) = \begin{bmatrix} x_G - \frac{l}{2}\cos\theta \\ y_G - \frac{l}{2}\sin\theta \end{bmatrix} = \boldsymbol{0} \tag{5.74}$$

と記述される．このヤコビアンは，

$$\boldsymbol{g_q}(\boldsymbol{q}) = \begin{bmatrix} 1 & 0 & \frac{l}{2}\sin\theta \\ 0 & 1 & -\frac{l}{2}\cos\theta \end{bmatrix} \tag{5.75}$$

である．以下の計算，

$$\boldsymbol{g_q}\dot{\boldsymbol{q}} = \begin{bmatrix} 1 & 0 & \frac{l}{2}\sin\theta \\ 0 & 1 & -\frac{l}{2}\cos\theta \end{bmatrix} \begin{bmatrix} \dot{x}_G \\ \dot{y}_G \\ \dot{\theta} \end{bmatrix} = \begin{bmatrix} \dot{x}_G + \frac{l}{2}\dot{\theta}\sin\theta \\ \dot{y}_G - \frac{l}{2}\dot{\theta}\cos\theta \end{bmatrix} \tag{5.76}$$

$$(\boldsymbol{g_q}\dot{\boldsymbol{q}})_{\boldsymbol{q}}\dot{\boldsymbol{q}} = \begin{bmatrix} 0 & 0 & \frac{l}{2}\dot{\theta}\cos\theta \\ 0 & 0 & \frac{l}{2}\dot{\theta}\sin\theta \end{bmatrix} \begin{bmatrix} \dot{x}_G \\ \dot{y}_G \\ \dot{\theta} \end{bmatrix} = \begin{bmatrix} \frac{l}{2}\dot{\theta}^2\cos\theta \\ \frac{l}{2}\dot{\theta}^2\sin\theta \end{bmatrix} \tag{5.77}$$

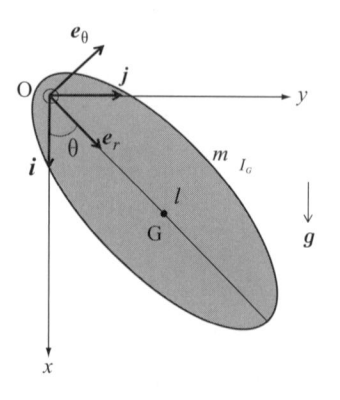

図 5.5　剛体振子

を経て，

$$\boldsymbol{g_q}\ddot{\boldsymbol{q}} = -\begin{bmatrix} \frac{l}{2}\dot{\theta}^2\cos\theta \\ \frac{l}{2}\dot{\theta}^2\sin\theta \end{bmatrix} = \boldsymbol{\gamma} \tag{5.78}$$

を得る．これにより，微分代数方程式，

$$\begin{bmatrix} \boldsymbol{M} & \boldsymbol{g_q^T} \\ \boldsymbol{g_q} & \boldsymbol{0} \end{bmatrix}\begin{bmatrix} \ddot{\boldsymbol{q}} \\ \boldsymbol{\lambda} \end{bmatrix} = \begin{bmatrix} \boldsymbol{Q} \\ \boldsymbol{\gamma} \end{bmatrix} \tag{5.79}$$

が導かれる．この微分代数方程式を書き下すと以下のようである．

$$\begin{bmatrix} m & 0 & 0 & 1 & 0 \\ 0 & m & 0 & 0 & 1 \\ 0 & 0 & I_G & \frac{l}{2}\sin\theta & -\frac{l}{2}\cos\theta \\ 1 & 0 & \frac{l}{2}\sin\theta & 0 & 0 \\ 0 & 1 & -\frac{l}{2}\cos\theta & 0 & 0 \end{bmatrix}\begin{bmatrix} \ddot{x}_G \\ \ddot{y}_G \\ \ddot{\theta} \\ \lambda_1 \\ \lambda_2 \end{bmatrix}$$
$$= \begin{bmatrix} mg \\ 0 \\ 0 \\ -\frac{l}{2}\dot{\theta}^2\cos\theta \\ -\frac{l}{2}\dot{\theta}^2\sin\theta \end{bmatrix} \tag{5.80}$$

さらに各行を記述すれば，

$$m\ddot{x}_G + \lambda_1 = mg, \quad m\ddot{y}_G + \lambda_2 = 0 \tag{5.81}$$

$$I_G\ddot{\theta} + \frac{l}{2}\sin\theta \times \lambda_1 - \frac{l}{2}\cos\theta \times \lambda_2 = 0 \tag{5.82}$$

$$\ddot{x}_G + \frac{l}{2}\sin\theta \times \ddot{\theta} = -\frac{l}{2}\dot{\theta}^2\cos\theta \tag{5.83}$$

$$\ddot{y}_G - \frac{l}{2}\cos\theta \times \ddot{\theta} = -\frac{l}{2}\dot{\theta}^2\sin\theta \tag{5.84}$$

となる．これらを整理すれば，一般によく知られている剛体振子の運動方程式，

$$\left(I_G + m\frac{l^2}{4}\right)\ddot{\theta} + mg\frac{l}{2}\sin\theta = 0 \tag{5.85}$$

に帰着される．さらに，拘束力 λ_1, λ_2 を次式のように得られる．

$$\lambda_1 = m\left(g + \frac{l}{2}\sin\theta \times \ddot{\theta} + \frac{l}{2}\dot{\theta}^2\cos\theta\right) \tag{5.86}$$

$$\lambda_2 = -m\frac{l}{2}(\cos\theta \times \ddot{\theta} - \dot{\theta}^2\sin\theta) \tag{5.87}$$

次に，拘束式を扱うことなく剛体の運動を記述する方法で，この支持点からの反力を求めてみよう．これは一般的な剛体振子の運動

の扱い方である．この方法と，拘束条件式を用いた前述の方法とを対比させることで，ラグランジュの未定係数を用いた拘束条件式の扱い方について，物理的な解釈が容易になるであろう．ここでは，図 5.5 において，x,y 方向の単位ベクトルを $\boldsymbol{i}$ および $\boldsymbol{j}$，r, θ 方向の単位ベクトルを $\boldsymbol{e_r}, \boldsymbol{e_\theta}$ とする．剛体上の任意の点 P を示すベクトル $\boldsymbol{s}$ を考えるとき，これらの単位ベクトルについて以下の関係がある．

$$\boldsymbol{s} = s\boldsymbol{e_r}, \qquad \dot{\boldsymbol{s}} = s\dot{\theta}\boldsymbol{e_\theta}, \qquad \ddot{\boldsymbol{s}} = s\ddot{\theta}\boldsymbol{e_\theta} - s\dot{\theta}^2 \boldsymbol{e_r} \qquad (5.88)$$

支持部から棒が受ける力を $\boldsymbol{F}$ とすると，運動方程式は，

$$\int_0^l \rho ds \ddot{\boldsymbol{s}} = \boldsymbol{F} + \int_0^l \rho ds g \boldsymbol{i} \qquad (5.89)$$

である．式 (5.88) の関係を用いると，

$$\rho \int_0^l sds(\ddot{\theta}\boldsymbol{e_\theta} - \dot{\theta}^2 \boldsymbol{e_r}) = \boldsymbol{F} + \rho \int_0^l dsg\boldsymbol{i} \qquad (5.90)$$

と書くことができ，さらに $\boldsymbol{e_\theta} = -\sin\theta \boldsymbol{i} + \cos\theta \boldsymbol{j}$，$\boldsymbol{e_r} = \cos\theta \boldsymbol{i} + \sin\theta \boldsymbol{j}$ なる関係を考慮すれば，$\boldsymbol{i}$ および $\boldsymbol{j}$ 方向成分の力の釣り合いとして，

$$m\frac{l}{2}(-\ddot{\theta}\sin\theta - \dot{\theta}^2\cos\theta) = F_x + mg \qquad (5.91)$$

$$m\frac{l}{2}(\ddot{\theta}\cos\theta - \dot{\theta}^2\sin\theta) = F_y \qquad (5.92)$$

を得る．これより，x,y 方向に支持部より受ける力が，

$$F_x = -m\left(g + \frac{l}{2}\sin\theta \times \ddot{\theta} + \frac{l}{2}\dot{\theta}^2\cos\theta\right) \qquad (5.93)$$

$$F_y = m\frac{l}{2}(\cos\theta \times \ddot{\theta} - \dot{\theta}^2\sin\theta) \qquad (5.94)$$

と求められる．もちろんこの結果は，前述の拘束力に対応している．

ツール

拘束力の評価

$\boldsymbol{e_\theta}$ 方向についての運動方程式は，

$$\rho \int_0^l s^2 ds \ddot{\theta} = -\rho \int_0^l sdsg\sin\theta \qquad (5.95)$$

であり，この積分を実行するとよく知られた剛体振子の運動方程式

$$\ddot{\theta} + \frac{3g}{2l}\sin\theta = 0 \tag{5.96}$$

を得る．さらに，$|\theta| \ll 1$ の場合，式 (5.96) より，

$$\ddot{\theta} = -\frac{3g}{2l}\theta + O(\theta^3) \tag{5.97}$$

であるので，支持部に作用する拘束力は，

$$F_x = -mg + O(\theta^2), \qquad F_y = \frac{m}{2}l\ddot{\theta} + O(\theta^3) = -\frac{3}{4}mg\theta \tag{5.98}$$

と，近似的に評価される．

第 5 章の参考書

(1) 原島　鮮 "力学 I, II" 裳華房, 1973.
- 古典力学から解析力学までを一通り学ぶことができる良書.

(2) V.D. バーガー, M.G. オルソン著, 戸田盛和, 田上由紀子訳 "力学" 培風館, 2000.
- 拘束下の物体の運動の考え方に平易な解釈を与えている.

(3) C. Lanczos 著, 高橋　康監訳 "解析力学と変分原理" 日刊工業新聞社, 1992.
- 上級者向きであるが, "拘束" の解釈を力学原理と数学を用いて解説している.

(4) 山本義隆, 中村孔一 "解析力学 I" 朝倉書店, 1998.
- 上級者向きだが, 力学原理を系統的に学べる.

(5) 牧野　洋, 高野政晴 "機械運動学" コロナ社, 1978.
- 機構や機械の運動学を学ぶための入門書.

(6) 高野政晴, 遠山茂樹 "演習機械運動学" サイエンス社, 1984.
- 運動学の例題が豊富にあり, 解説もわかりやすい.

(7) A. A. Shabana "Dynamics of Multibody Systems (3rd. ed.)" Cambridge University Press, 2005.
- マルチボディダイナミクスの基礎理論が通説されている.

──────── 演習問題 ────────

問題 5.1 図 5.2 に示すスライダ-クランク機構では, クランク, 連接棒, スライダの稼動剛体の平面運動はそれぞれ 3 自由度を有する. (x, y 方向の並進運動および回転運動) しかしながら式 (5.22) に示されるようにクランクの回転角が決まるとスライダの位置が一意に決定され, この機構全体の自由度は 1 であると考えられる. 機構全体の自由度が 1 となる仕組みを運動学的に考察せよ.

問題 5.2 式 (5.8) および (5.9) を導く際に必要な $\ddot{s}$ および $s \times \ddot{s}$ を具体的に書き表せ.

問題 5.3 式 (5.29), (5.32) を用いて式 (5.28) を導け. 未知数と方程式の数を確認し, 1 自由度の系に帰着される過程に留意せよ.

問題 5.4 図 5.6 に示すように円弧状の曲線軌道を一定の角速度で

通過する車両を考える．車両は剛体として取り扱え，また軌道から受ける拘束力が重心位置に作用するものとする．このとき，車両が軌道から受ける半径方向の力を，5.3 節の方法に沿って導け．ただし，車両の質量を m, z 軸周りの慣性モーメントを I_G とする．

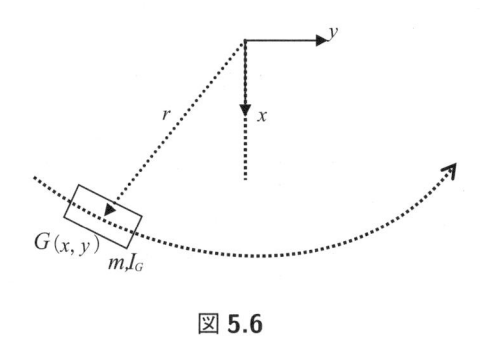

図 5.6

問題 5.5 図 5.7 に示すように，回転ばね（ばね定数 k）で土台と結合された倒立振子の支持点 O′ が水平方向に $y_0 = d\sin\omega t$ で動かされている．この倒立振子の運動について，拘束条件を用いて微分代数方程式を導け．

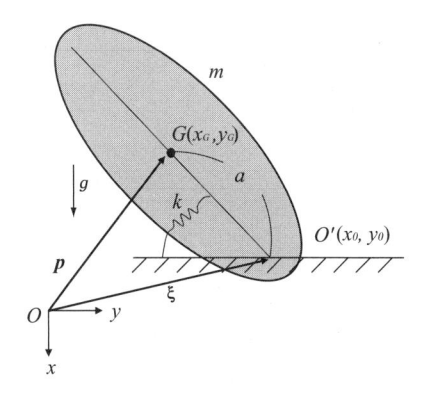

図 5.7

コーヒーブレイク

マルチボディダイナミクスとは，宇宙構造物，車両，建機，ロボットなど，構造が複雑で大変位を伴う機械システムの挙動を厳密に把握しようとする学問である．近年のコンピュータ環境の進歩により，多体系解析，拘束条件，接触問題，柔軟性などの課題に対して，精度よく高効率に解析するコンピュータ援用の手法が提案，開発されている．

解析の一例として，図 5.8 に式 (5.25) 〜 (5.27) に基づいた，ピストン-クランク機構におけるピストンの変位，速度，加速度のグラフを示す．代入した数値は $l = 300$mm, $r = 150$mm, $\omega = 125.6$rad/s であるので，実際に確かめてみてほしい．

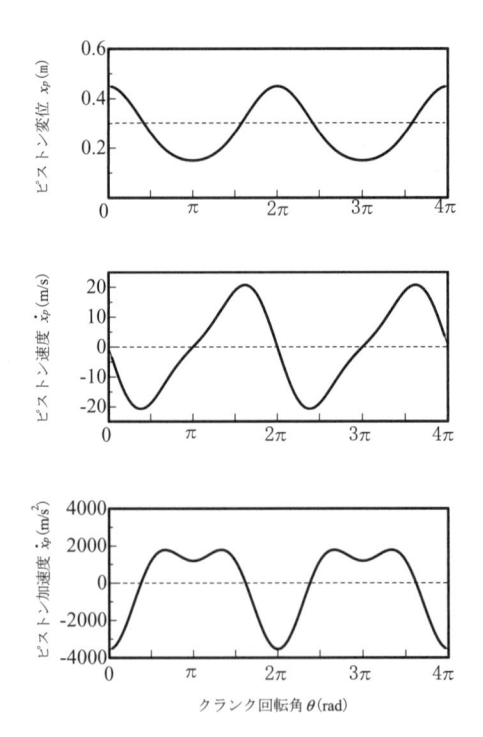

図 **5.8** ピストンの変位，速度，加速度

6.
磁気浮上物体の上下振動

　磁気浮上力 (magnetic levitation force) を受けて走行する車両は，浮上力が浮上高さの変動に依存しかつその変動に関して浮上力は非線形な関係をもつため，通常のレールを走る列車とは質的に異なる上下振動を起こす可能性がある．

　本章では，電磁力を受ける質点の力学の最も簡単な例の一つとして，磁気浮上物体の振動をとりあげ，**非線形系の動力学**（nonlinear dynamics）に関する基礎的な解析法を示しながら，非線形現象への数理解析的アプローチ法の一部を紹介する．

図 **6.1**　超電導磁気浮上式鉄道（山梨県リニア実験線，提供（財）鉄道総合技術研究所）

6.1 磁気反発力を受ける1自由度モデルと運動方程式

6.1.1 解析モデル

図 6.2(a) のような質量 m の物体が永久磁石による磁気反発力を受けて浮上しているモデルを考える．ここで，物体側磁石と基盤側磁石は同極をもって反発し，ギャップ長 Δx と磁気浮上力 F との関係は図 6.3 のように滑らかな関数で表される．また物体の動きは鉛直1自由度に拘束されているものとする．このとき物体の運動方程式は

$$m\frac{d^2x'}{dt^2} = F(\Delta x) - mg = F(x') - mg \tag{6.1}$$

のように表される．ここで座標系 x' は基盤側磁石の変位が 0 のときの磁石上面を原点 O' に取った静止座標系で，物体の位置は物体側磁石の底面の位置座標 x' で示される．このとき物体の**平衡位置** (equilibrium point) は，式 (6.1) の時間微分を 0 と置いた方程式（平衡方程式と呼ばれる）

$$0 = F(x') - mg \tag{6.2}$$

を満たす $x' = x_{st}$ として与えられる (図 6.2(b) 参照)．

6.1.2 磁気浮上力のべき級数展開

平衡位置からの物体の変位量 x が x_{st} に比べて十分に小さい場合すなわち

$$x' = x_{st} + x \tag{6.3}$$

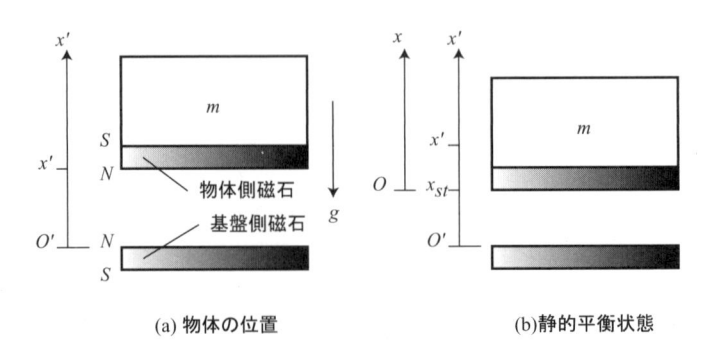

図 **6.2** 磁気浮上物体の解析モデル

6.1. 磁気反発力を受ける 1 自由度モデルと運動方程式

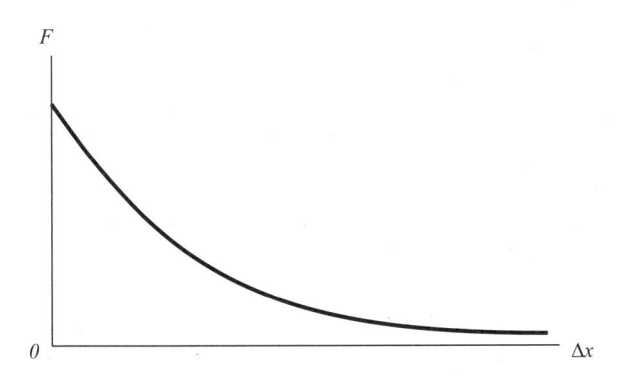

図 6.3 磁石のギャップ長と磁気反発力との関係

において

$$|\frac{x}{x_{st}}| \ll 1 \tag{6.4}$$

の場合について考えよう．関係式

$$\Delta x = x' = x_{st} + x = x_{st}\left(1 + \frac{x}{x_{st}}\right) \tag{6.5}$$

を考慮すると，磁気浮上力 $F(\Delta x)$ は微小量 x/x_{st} に関して以下のように**テイラー展開** (Taylor expansion) できる．

$$\begin{aligned}
F(\Delta x) &= F\left(x_{st}\left(1 + \frac{x}{x_{st}}\right)\right) \\
&= F|_{x/x_{st}=0} + \frac{dF}{d(x/x_{st})}\bigg|_{x/x_{st}=0}\left(\frac{x}{x_{st}}\right) \\
&\quad + \frac{1}{2}\frac{d^2F}{d(x/x_{st})^2}\bigg|_{x/x_{st}=0}\left(\frac{x}{x_{st}}\right)^2 + \frac{1}{6}\frac{d^3F}{d(x/x_{st})^3}\bigg|_{x/x_{st}=0}\left(\frac{x}{x_{st}}\right)^3 + \cdots \\
&= F(x_{st}) + \frac{dF}{d\Delta x}\bigg|_{\Delta x=x_{st}}\frac{d\Delta x}{d(x/x_{st})}\left(\frac{x}{x_{st}}\right) \\
&\quad + \frac{1}{2}\frac{d^2F}{d\Delta x^2}\bigg|_{\Delta x=x_{st}}\left(\frac{d\Delta x}{d(x/x_{st})}\right)^2\left(\frac{x}{x_{st}}\right)^2 \\
&\quad + \frac{1}{6}\frac{d^3F}{d\Delta x^3}\bigg|_{\Delta x=x_{st}}\left(\frac{d\Delta x}{d(x/x_{st})}\right)^3\left(\frac{x}{x_{st}}\right)^3 + \cdots \\
&= F(x_{st}) + \frac{dF}{d\Delta x}\bigg|_{\Delta x=x_{st}}x_{st}\left(\frac{x}{x_{st}}\right) \\
&\quad + \frac{1}{2}\frac{d^2F}{d\Delta x^2}\bigg|_{\Delta x=x_{st}}x_{st}^2\left(\frac{x}{x_{st}}\right)^2 \\
&\quad + \frac{1}{6}\frac{d^3F}{d\Delta x^3}\bigg|_{\Delta x=x_{st}}x_{st}^3\left(\frac{x}{x_{st}}\right)^3 + \cdots \tag{6.6}
\end{aligned}$$

ここでテイラー展開の係数を

$$k_1 = -\left.\frac{dF}{d\Delta x}\right|_{\Delta x = x_{st}}, \qquad k_2 = -\frac{1}{2}\left.\frac{d^2 F}{d\Delta x^2}\right|_{\Delta x = x_{st}},$$
$$k_3 = -\frac{1}{6}\left.\frac{d^3 F}{d\Delta x^3}\right|_{\Delta x = x_{st}} \tag{6.7}$$

のように置くと，磁気浮上力 $F(\Delta x)$ は以下のように書ける．

$$F(\Delta x) = F(x_{st}) - k_1 x_{st}\left(\frac{x}{x_{st}}\right)$$
$$- k_2 x_{st}^2 \left(\frac{x}{x_{st}}\right)^2 - k_3 x_{st}^3 \left(\frac{x}{x_{st}}\right)^3 + \cdots \tag{6.8}$$

この結果と式 (6.2) および式 (6.3) を使って運動方程式 (6.1) を書き換えると有次元の運動方程式は，以下のように x/x_{st} に関するべき級数でその**非線形項** (nonlinear term) を表示した式で表せる．

$$m\frac{d^2 x}{dt^2} = -k_1 x_{st}\left(\frac{x}{x_{st}}\right) - k_2 x_{st}^2\left(\frac{x}{x_{st}}\right)^2 - k_3 x_{st}^3\left(\frac{x}{x_{st}}\right)^3 + \cdots \tag{6.9}$$

6.1.3 無次元運動方程式

代表長さを x_{st}，代表時間を $1/\sqrt{k_1/m}$ とし，

$$x = x_{st} x^*, \quad t = \frac{1}{\sqrt{k_1/m}} t^* \tag{6.10}$$

のように変数変換すると有次元の運動方程式 (6.9) は以下のような**無次元運動方程式** (dimensionless equation of motion) に変換できる．

$$\frac{d^2 x^*}{dt^{*2}} = -x^* - \alpha_2 x^{*2} - \alpha_3 x^{*3} + \cdots \tag{6.11}$$

ここで α_2, α_3 は有次元量 x_{st}, k_1, k_2, k_3 から構成される無次元パラメータで以下のように表せる．

$$\alpha_2 = \frac{k_2 x_{st}}{k_1}, \quad \alpha_3 = \frac{k_3 x_{st}^2}{k_1} \tag{6.12}$$

6.1.4 磁気浮上力の周期的な変動の効果

図 6.4 のように基盤側磁石が変位

$$x_e = a_e \cos \nu t \tag{6.13}$$

6.1. 磁気反発力を受ける 1 自由度モデルと運動方程式

で周期的に変動する場合を考える．このとき物体に加わる磁気浮上力は周期的に変動するが，それを考慮した運動方程式は以下のようにして求めることができる．

基盤側磁石の変位によってギャップ長を表す式 (6.5) が

$$\Delta x = x' - x_e = x_{st} + x - x_e = x_{st}\left(1 + \frac{x - x_e}{x_{st}}\right) \quad (6.14)$$

に置き替わることから，自由振動系の無次元運動方程式 (6.11) の右辺の磁気浮上力を決める x^* を加振変位の無次元量 $x_e^* = x_e/x_{st}$ を使い

$$x^* \Rightarrow x^* - x_e^* \quad (6.15)$$

のように変換することにより，周期的に変動する磁気浮上力を受ける場合の無次元運動方程式は以下のように得られる．

$$\frac{d^2 x^*}{dt^{*2}} = -(x^* - x_e^*) - \alpha_2(x^* - x_e^*)^2 - \alpha_3(x^* - x_e^*)^3 + \cdots \quad (6.16)$$

さらに加振振幅の無次元量 $a_e^* = a_e/x_{st}$，加振振動数の無次元量 $\nu^* = \nu/\sqrt{k_1/m}$ を用いて，無次元加振変位 x_e^* を

$$x_e^* = a_e^* \cos \nu^* t^* \quad (6.17)$$

のように具体的に表すと式 (6.16) は以下のように書くことができる．

$$\frac{d^2 x^*}{dt^{*2}} + (1 - 2\alpha_2 a_e^* \cos \nu^* t^*)x^* + \alpha_2 x^{*2} + \alpha_3 x^{*3} + \cdots$$
$$= a_e^* \cos \nu^* t^* - \frac{1}{2}\alpha_2 a_e^{*2} - \frac{1}{2}\alpha_2 a_e^{*2} \cos 2\nu^* t^* + \cdots \quad (6.18)$$

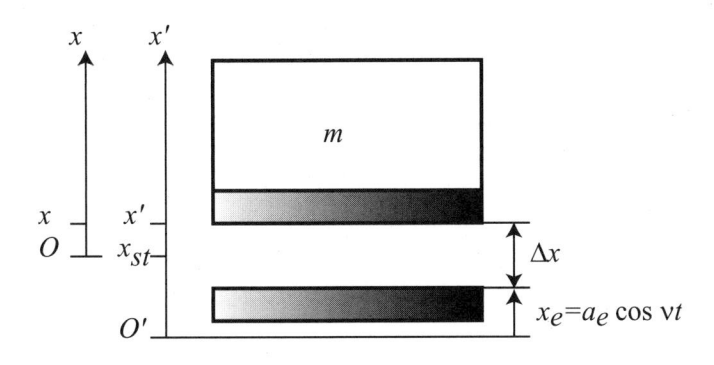

図 **6.4** 基盤の周期的加振

上式で，**非同次項**（nonhomonegeous，従属変数（dependent valuable）x^* を含まない項）は右辺に，**同次項**（homogeneous，従属変数 x^* を含む項）は左辺に移項した．式 (6.18) には，従属変数の係数に周期的な変動成分を持つ項（$-2\alpha_2 a_e^* \cos\nu^* t^* x^*$）が存在するため，強制加振による共振現象とはそのメカニズムが本質的に異なる**係数励振**と呼ばれる共振現象が磁気浮上物体に発生する．この項は α_2 すなわち磁気力のギャップ長変動に関する 2 次の非線形性に起因した項であり，復元力が線形の場合は，このような係数に周期的な変動成分を持つ項は運動方程式に含まれない．

非線形共振: 加振周波数が線形の固有振動数の整数倍または整数分の 1 倍に近い場合などに，線形系の共振現象とは励振メカニズムが異なる特殊な共振現象（非線形共振現象）が発生する．

6.2　係数励振現象のメカニズム

6.2.1　剛性の周期的な変動による仕事量

まず，加振振幅 a_e^* が 1 に比べて十分小さく，また物体の無次元応答変位 x^* が 1 に比べて十分に小さい範囲で考察するため，式 (6.18) の x^* に関する線形項のみを考える．

$$\frac{d^2 x^*}{dt^{*2}} + (1 - 2\alpha_2 a_e^* \cos\nu^* t^*)x^* = 0 \tag{6.19}$$

a_e^* が小さいので上式の解は近似的に，

$$\frac{d^2 x^*}{dt^{*2}} + x^* = 0 \tag{6.20}$$

の解

$$x^* = a\cos(t^* + \beta) \tag{6.21}$$

とみなせる．式 (6.19) を

$$\frac{d^2 x^*}{dt^{*2}} + x^* = 2\alpha_2 a_e^* \cos\nu^* t^* x^* \tag{6.22}$$

のように書き換えて力学的エネルギの変化を調べる．エネルギ積分を行うため両辺に dx^*/dt^* をかけると

$$\frac{dx^*}{dt^*}\frac{d^2 x^*}{dt^{*2}} + x^*\frac{dx^*}{dt^*} = 2\alpha_2 a_e^* \cos\nu^* t^* x^* \frac{dx^*}{dt^*} \tag{6.23}$$

すなわち

$$\frac{d}{dt^*}\left\{\frac{1}{2}\left(\frac{dx^*}{dt^*}\right)^2 + \frac{1}{2}x^{*2}\right\} = 2\alpha_2 a_e^* \cos\nu^* t^* x^* \frac{dx^*}{dt^*} \tag{6.24}$$

エネルギを使った安定性判別: エネルギの変化を調べると安定性が判定できる．減衰振動系の場合，式 (6.19) の $-2\alpha_2 a_e^* \cos\nu^* t^* x^*$ のかわりに，$2\gamma dx^*/dt^*$（γ：減衰比）が存在する．このとき式 (6.24) の右辺は $-2\gamma(dx^*/dt^*)^2$ であるので，力学的エネルギは減少することがわかり，振動が $x^* = 0$ に減衰することがわかる．

を得る．ここで左辺は力学的エネルギの時間変化であり，その値は右辺の値を計算すれば評価できる．すなわち x^* が1周期変動する間の仕事量（力学的エネルギの変化量）は

$$\begin{aligned}
\Delta W &= \int_0^{2\pi} 2\alpha_2 a_e^* \cos\nu^* t^* x^* \frac{dx^*}{dt^*} dt^* \\
&= -2\alpha_2 a_e^* a^2 \int_0^{2\pi} \cos\nu^* t^* \cos(t^*+\beta)\sin(t^*+\beta) dt^* \\
&= \frac{1}{2}\alpha_2 a_e^* a^2 \int_0^{2\pi} [\sin\{(\nu^*-2)t^* - 2\beta\} \\
&\quad - \sin\{(\nu^*+2)t^* + 2\beta\}] dt^*
\end{aligned} \quad (6.25)$$

のように計算できる．このような計算は一般にエネルギ積分と呼ばれる．とくに $\nu^* = 2$ において第1項目の積分は0にならず，エネルギ積分は

$$\Delta W = -\pi\alpha_2 a_e^* a^2 \sin 2\beta \quad (6.26)$$

となり，$-\pi < 2\beta < 0$ すなわち $-\pi/2 < \beta < 0$ において，システムの**力学的エネルギ** (mechanical energy) が増加し，励振現象が発生することが指摘できる．このような励振現象を**係数励振** (parametric resonance) と呼ぶ．

6.3 係数励振現象の線形解析

6.3.1 摂動法を用いた不安定領域の導出

磁気浮上力の変動周波数 ν^* が系の線形固有振動数1の2倍のとき係数励振振動が発生することを示したが，ここでは周波数が正確に固有振動数の2倍に一致しない場合でも，2倍に近ければ係数励振が発生することを理論的に明らかにする．

前節で加振振幅 a_e^* が1に比べて十分小さい場合を考えたが，これを定量的に表すため，

$$a_e^* = \varepsilon \hat{a}_e \quad (6.27)$$

のように置く．ここで ε は Bookkeeping device と呼ばれる微小パラメータである．このとき式 (6.19) は以下のように書くことができる．

$$\frac{d^2 x^*}{dt^{*2}} + x^* = 2\varepsilon\alpha_2 \hat{a}_e \cos\nu^* t^* x^* \quad (6.28)$$

式 (6.28) を**摂動法** (perturbation method) で解く．前節と同様に解を式 (6.21) のように置く．ただし，式 (6.28) の右辺の微小量の効果により応答振幅 a と初期位相 β はゆっくりと変化するものと考えて，それぞれ εt^* の関数とみなす．ここで εt^* は，t^* が $1/\varepsilon$ だけたたないと 1 の大きさにならないような t^* とは異なる**時間尺度** (time scale) である．この違いを明示的に表すために以下のような二つの時間尺度を導入する．

$$t_0 = t^*, \quad t_1 = \varepsilon t^* \tag{6.29}$$

異なる時間尺度のイメージ: たとえば，$\varepsilon = 1/60$ と置けば，t_0 は秒針の刻みに相当し，t_1 は t_0 が 60 を刻んだとき 1 を刻む分針に対応する.

このとき t^* に関する 1 回微分と，2 回微分は以下の式で表せる．

$$\frac{d}{dt^*} = D_0 + \varepsilon D_1, \quad \frac{d^2}{dt^{*2}} = D_0^2 + 2\varepsilon D_0 D_1 + \cdots \tag{6.30}$$

ここで D_0 と D_1 は微分オペレータで $\partial/\partial t_0 = D_0$，$\partial/\partial t_1 = D_1$ である．また，解 x^* を微小量 ε のべき級数で以下のように仮定する．

$$x^* = x_0 + \varepsilon x_1 + \cdots \tag{6.31}$$

式 (6.30)，(6.31) を式 (6.28) に代入し，ε の 0 乗と 1 乗のべきの係数を 0 とおいて移項すると以下の方程式を得る．

$$D_0^2 x_0 + x_0 = 0 \tag{6.32}$$
$$D_0^2 x_1 + x_1 = -2 D_0 D_1 x_0 + 2\alpha_2 \hat{a}_e \cos \nu^* t_0 x_0 \tag{6.33}$$

式 (6.32) の解は以下のように表せる．

$$x_0 = A(t_1) e^{it_0} + \bar{A}(t_1) e^{-it_0} \tag{6.34}$$

なお x_0 は振幅 $a(t_1)$ と初期位相 $\beta(t_1)$ を使って以下のようにも表せる．

$$x_0 = a(t_1) \cos\{t_0 + \beta(t_1)\} \tag{6.35}$$

ここで複素振幅 $A(t_1)$ と $a(t_1)$ および $\beta(t_1)$ は以下の関係にある．

$$A(t_1) = \frac{a(t_1)}{2} e^{i\beta(t_1)} \tag{6.36}$$

$$|A(t_1)|^2 = \frac{a(t_1)^2}{4} \equiv \frac{a_{square}(t_1)}{4} \tag{6.37}$$

結局，式 (6.31) と式 (6.35) より，$O(\varepsilon)$ の誤差を無視すれば x^* の近似解は以下のように表せる．

$$x^* = a(t_1) \cos\{t_0 + \beta(t_1)\} + O(\varepsilon) \tag{6.38}$$

$\nu^* = 2$ の近くの共振状態を解析するため

$$\nu^* = 2 + \sigma = 2 + \varepsilon\hat{\sigma} \tag{6.39}$$

と置き，式 (6.34) の複素表示を使うと，式 (6.33) は以下のように書き直せる．

$$\begin{aligned}D_0^2 x_1 + x_1 &= -(2iD_1 A - \alpha_2 \hat{a}_e \mathrm{e}^{i\hat{\sigma} t_1} \bar{A})\mathrm{e}^{it_0} \\ &\quad + \alpha_2 \hat{a}_e \mathrm{e}^{i(3t_0 + \hat{\sigma} t_1)} A + cc\end{aligned} \tag{6.40}$$

ここで cc は右辺のすべての項の共役項を表す．右辺で x_1 に永年項を発生するのは e^{it_0} に比例する項であるから係数を 0 と置く．

$$2iD_1 A - \alpha_2 \hat{a}_e \mathrm{e}^{i\hat{\sigma} t_1} \bar{A} = 0 \tag{6.41}$$

上式は非自律系であるが変数変換

$$A = B\mathrm{e}^{i\hat{\sigma} t_1/2} \tag{6.42}$$

をほどこすと以下の自律系の方程式を得る．

$$2iD_1 B - \hat{\sigma} B - \alpha_2 \hat{a}_e \bar{B} = 0 \tag{6.43}$$

さらに，複素数 B は一般性を失わず

$$B = a_r + i a_i \tag{6.44}$$

のように置くことができる．式 (6.43) は両辺に ε を乗じた後，実部と虚部に分けると

$$\frac{da_r}{dt} = \left(\frac{\sigma}{2} - \frac{\alpha_2 a_e^*}{2}\right) a_i \tag{6.45}$$

$$\frac{da_i}{dt} = -\left(\frac{\sigma}{2} + \frac{\alpha_2 a_e^*}{2}\right) a_r \tag{6.46}$$

のように表せる．a_i を消去すると上式は

$$\frac{d^2 a_r}{dt^2} + \left\{\left(\frac{\sigma}{2}\right)^2 - \left(\frac{\alpha_2 a_e^*}{2}\right)^2\right\} a_r = 0 \tag{6.47}$$

のようにまとめられ，左辺第 2 項の係数

$$k_{equ} \equiv \left(\frac{\sigma}{2}\right)^2 - \left(\frac{\alpha_2 a_e^*}{2}\right)^2 \tag{6.48}$$

は，方程式 (6.47) を質量 1 のばね–質量系の支配方程式とみなしたとき，等価的な剛性の大きさを表している．すなわち，式 (6.35) で

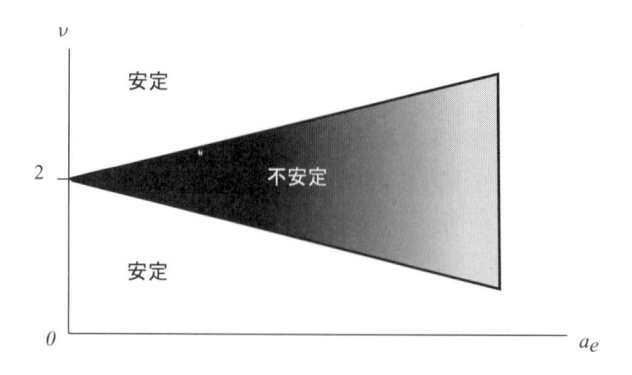

図 **6.5** 安定不安定境界

表される応答の振幅 a の大きさを代表する値 a_r は，$k_{equ} > 0$ のとき正の剛性で周期的な変動（安定），$k_{equ} < 0$ のとき負の剛性で単調増加（**座屈** buckling：不安定）現象を呈し，$k_{equ} = 0$ すなわち $\sigma = \pm\alpha_2 a_e^*$ が安定と不安定の境界（中立安定）を示すことがわかる．したがって安定不安定の境界は，

$$\nu^* = 2 + \sigma = 2 \pm \alpha_2 a_e^* \tag{6.49}$$

で表され，図 6.5 の実線で囲まれた領域内が係数励振が発生する領域である．

6.3.2 粘性減衰の影響

粘性減衰 (viscous damping) が存在する場合すなわち運動方程式が

$$\frac{d^2 x^*}{dt^{*2}} + 2\gamma\frac{dx^*}{dt^*} + (1 - 2\varepsilon\alpha_2 \hat{a}_e \cos \nu^* t^*)x^* = 0 \tag{6.50}$$

のように表せる場合，上で求めた不安定領域がどのように変形されるかを考察する．ここで粘性減衰の大きさ $\gamma(>0)$ は微小で

$$\gamma = \varepsilon\hat{\gamma} \tag{6.51}$$

のように表せる場合を考える．前節と同様に解 x^* を仮定し，多重時間 t_0 と t_1 を導入すると，式 (6.40) は以下のようになる．

$$D_0^2 x_1 + x_1 = -(2iD_1 A + 2i\hat{\gamma}A - \alpha_2 \hat{a}_e e^{i\hat{\sigma}t_1}\bar{A})e^{it_0} \\ + \alpha_2 \hat{a}_e e^{i(3t_0 + \hat{\sigma}t_1)}A + cc \tag{6.52}$$

ここで x_1 に永年項を発生する項を 0 と置くと

$$2iD_1 A + 2i\hat{\gamma}A - \alpha_2 \hat{a}_e e^{i\hat{\sigma}t_1}\bar{A} = 0 \tag{6.53}$$

の関係式を得る．式 (6.42) の変数変換を施すと，式 (6.43) に相当する式は

$$2iD_1B + 2i\hat{\gamma}B - \hat{\sigma}B - \alpha_2\hat{a}_e\bar{B} = 0 \tag{6.54}$$

のようになる．両辺に ε をかけ式 (6.44) によって変数変換すると，

$$\frac{da_r}{dt} = -\gamma a_r + \left(\frac{\sigma}{2} - \frac{\alpha_2 a_e^*}{2}\right)a_i \tag{6.55}$$

$$\frac{da_i}{dt} = -\gamma a_i - \left(\frac{\sigma}{2} + \frac{\alpha_2 a_e^*}{2}\right)a_r \tag{6.56}$$

を得る．上式を行列表示した

$$\frac{d}{dt}\begin{bmatrix} a_r \\ a_i \end{bmatrix} = \begin{bmatrix} -\gamma & \frac{\sigma}{2} - \frac{\alpha_2 a_e^*}{2} \\ -\frac{\alpha_2 a_e^*}{2} - \frac{\sigma}{2} & -\gamma \end{bmatrix}\begin{bmatrix} a_r \\ a_i \end{bmatrix} \tag{6.57}$$

の線形オペレータ

$$A = \begin{bmatrix} -\gamma & \frac{\sigma}{2} - \frac{\alpha_2 a_e^*}{2} \\ -\frac{\sigma}{2} - \frac{\alpha_2 a_e^*}{2} & -\gamma \end{bmatrix} \tag{6.58}$$

の固有方程式は以下のように表され，

$$\lambda^2 + 2\gamma\lambda + \gamma^2 + \frac{\sigma^2}{4} - \frac{\alpha_2^2 a_e^{*2}}{4} = 0 \tag{6.59}$$

固有値 λ は以下のように求まる．

$$\lambda = -\gamma \pm \frac{1}{2}\sqrt{\alpha_2^2 a_e^{*2} - \sigma^2} \tag{6.60}$$

ここでパラメータ値に依存して固有値は以下のように変化し，相平面は図 6.6 のように移り変わる（位置を横軸，速度を縦軸にとり，その時間的変化を示した図を相平面と呼ぶことが多いが，一般には状態量の時間変化を表した図が相平面である．図 6.6 は複素振幅 B の時間変化（点 (a_r, a_i) の時間変化）を複素平面上の軌道として描いたものであり，これも相平面と呼ばれる）．

1. $\alpha_2^2 a_e^{*2} - \sigma^2 < 0$: 実部負の共役複素数 (図 6.6(a))
2. $\alpha_2^2 a_e^{*2} - \sigma^2 = 0$: 負の実重根 (図 6.6(b))
3. $0 < \alpha_2^2 a_e^{*2} - \sigma^2 < 4\gamma^2$: 2 つの負の実根 (図 6.6(c))
4. $\alpha_2^2 a_e^{*2} - \sigma^2 = 4\gamma^2$: 0 と負の実根 (図 6.6(d))
5. $4\gamma^2 < \alpha_2^2 a_e^{*2} - \sigma^2$: 正負の実根 (図 6.6(e))

分岐現象:
$\nu = 2 + 2(4a^2 a_e^{*2} - 9\gamma^2)^{1/2}/3$ および $\nu = 2 - 2(4a^2 a_e^{*2} - 9\gamma^2)^{1/2}/3$ で定常振幅の数が変化している．このようにパラメータの変化に対して，定常状態（定常振幅）の数が変化（または安定性が変化）するような現象を分岐現象と呼ぶ．分岐現象には多くの種類があり（ピッチフォーク分岐，トランスクリティカル分岐，サドルノード分岐 ホップ分岐など），図 6.8 に示される分岐はピッチフォーク分岐と呼ばれる．

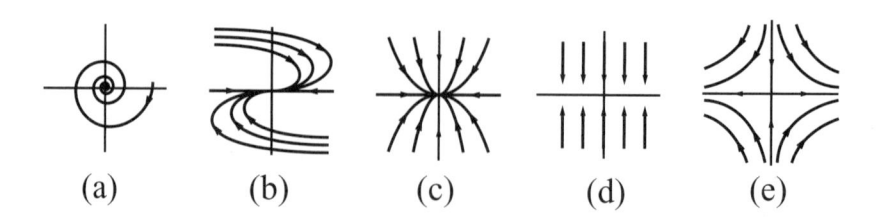

図 **6.6**　相平面と固有値の対応

1. 図 6.6(a) の横軸と縦軸は，それぞれ a_r と a_i である．2. 図 (b) の横軸はこの場合唯一存在する固有ベクトルの方向である．3. 図 (c)，4. 図 (d)，5. 図 (e) の場合は必ず一つの固有値は負の実数であり，残りの固有値が負（図 (c)），0（図 (d)），正（図 (e)）のように変化する．これらの固有値に対応した固有ベクトル方向が，図 (c)，(d)，(e) の横軸であり，残りの固有値（負の値を保つもの）に対応する固有ベクトルが縦軸である．

したがって，安定不安定の境界は上記 4. より

$$\sigma = \pm\sqrt{\alpha_2^2 a_e^{*2} - 4\gamma^2}$$

なので

$$\nu^* = 2 + \sigma = 2 \pm \sqrt{\alpha_2^2 a_e^{*2} - 4\gamma^2} \tag{6.61}$$

であり，図 6.7 のように不安定領域が表される．このように，パラメータの変化により一つの実固有値の符号が変わり安定性が変化す

ピッチフォーク分岐: パラメータ変化によって，一つの実固有値の符号が変化し，他の固有値は負の実数または実部負の共役複素数のままである場合

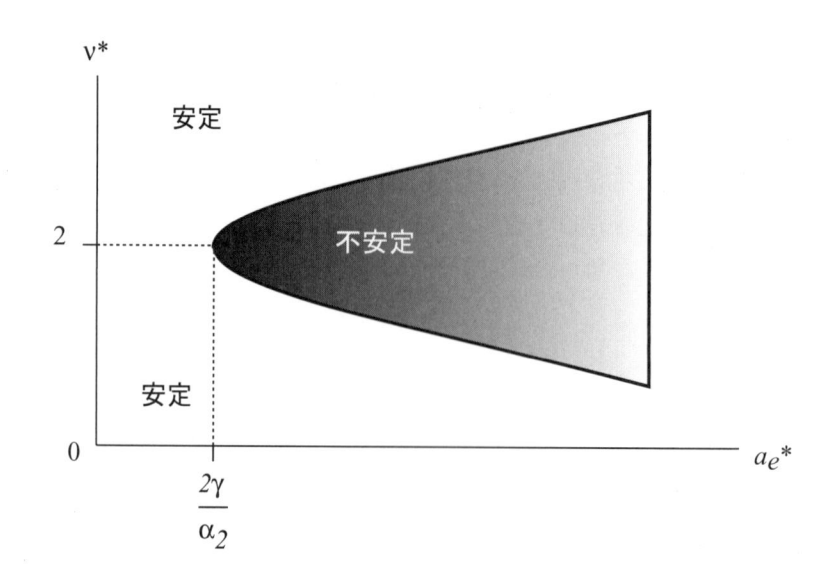

図 **6.7**　安定不安定の境界 (粘性減衰考慮)

るとき,その安定不安定境界ではピッチフォークと呼ばれる**分岐現象** (bifurcation phenomenon) が発生し,次節で述べるように定常振幅の数が変化する.

6.4 非線形解析

前節で示した領域内に,磁気浮上力の変動周波数 ν^* と変動振幅 $\hat{a}_e^*$ の組み合わせが存在すると係数励振が発生する.このとき,物体の振動は時間とともに発散するかそれともある一定の振幅値に収まるのか,ということを調べるには,これまで無視してきた非線形項を考慮に入れて解析しなければならない.

6.4.1 解のオーダ評価

式 (6.27) を用いると無次元運動方程式 (6.18) は以下のように表せる.ここで粘性減衰の効果を 6.3.2 項と同様に考慮した.

$$\frac{d^2 x^*}{dt^{*2}} + (1 - 2\varepsilon\alpha_2 \hat{a}_e \cos\nu^* t^*)x^* + \alpha_2 x^{*2} + \alpha_3 x^{*3} + \cdots$$
$$= \varepsilon \hat{a}_e \cos\nu^* t^* - \frac{\varepsilon^2}{2}\alpha_2 \hat{a}_e^2 - \frac{\varepsilon^2}{2}\alpha_2 \hat{a}_e^2 \cos 2\nu^* t^* - 2\varepsilon\hat{\gamma}\frac{dx^*}{dt^*} + \cdots \tag{6.62}$$

係数励振を発生させる項 $-2\varepsilon\alpha_2 \hat{a}_e \cos\nu^* t^* x^*$ と非線形項 $\alpha_3 x^{*3}$ がバランスすると考えて,係数励振状態での x^* の大きさを評価する.すなわち

$$-2\varepsilon\alpha_2 \hat{a}_e \cos\nu^* t^* x^* \sim \alpha_3 x^{*3} \Leftrightarrow \varepsilon x^* \sim x^{*3} \tag{6.63}$$

とみなすと,x^* のオーダーは

$$x^* \sim O(\varepsilon^{1/2}) \tag{6.64}$$

のように評価できる.

6.4.2 多重尺度法による解析

x^* を ε を用いて,

$$x^* = \varepsilon^{1/2} x_1 + \varepsilon x_2 + \varepsilon^{3/2} x_3 \tag{6.65}$$

のように置き,また時間尺度

$$t_0 = t, \quad t_1 = \varepsilon^{1/2} t \quad t_2 = \varepsilon t \tag{6.66}$$

を導入して，**多重尺度法** (method of multiple scales) により解析する．

$\varepsilon^{1/2}$, ε, $\varepsilon^{3/2}$ の係数を 0 と置くと以下の式を得る．

$$\varepsilon^{1/2}: D_0^2 x_1 + x_1 = 0 \tag{6.67}$$

$$\varepsilon: D_0^2 x_2 + x_2 = -2D_0 D_1 x_1 - \alpha_2 x_1^2 + \hat{a}_e \cos\nu^* t_0 \tag{6.68}$$

$$\varepsilon^{3/2}: D_0^2 x_3 + x_3 = -2D_0 D_1 x_2 - D_1^2 x_1 - 2D_0 D_2 x_1 - 2\hat{\gamma} D_0 x_1$$
$$+ 2\alpha_2 \hat{a}_e \cos\nu^* t_0 x_1 - 2\alpha_2 x_1 x_2 - \alpha_3 x_1^3 \tag{6.69}$$

ここで線形解析と同様に離調パラメータ σ を用いて周波数 ν^* を以下のように置く．

$$\nu^* = 2 + \sigma = 2 + \varepsilon\hat{\sigma} \tag{6.70}$$

式 (6.67) の解は式 (6.34) と同様に

$$x_1 = A(t_1, t_2) e^{it_0} + \bar{A}(t_1, t_2) e^{-it_0} \tag{6.71}$$

のように表せる．ここで複素振幅 A は時間尺度 t_0 によらない複素数である．式 (6.71) を式 (6.68) の右辺に代入すると以下のように書き直せる．

$$D_0^2 x_2 + x_2 = -2i D_1 A e^{it_0} - \alpha_2(A^2 e^{2it_0} + |A|^2) + \frac{\hat{a}_e}{2} e^{i\nu^* t_0} + cc \tag{6.72}$$

x_1 に永年項を生じる項を 0 と置くと

$$D_1 A = 0 \tag{6.73}$$

が得られ，式 (6.71) の複素振幅は時間 t_1 の関数ではないことがわかる．この条件下で式 (6.72) を解くと，x_2 の特解は以下のように求まる．

$$x_2 = \frac{\alpha_2}{3} A^2 e^{2it_0} - \alpha_2 |A|^2 - \frac{\hat{a}_e}{6} e^{i\nu^* t_0} + cc \tag{6.74}$$

このとき，式 (6.69) は以下のように書ける．

$$D_0^2 x_3 + x_3$$
$$= -\left\{ 2iD_2 A + 2i\hat{\gamma} A - \frac{4}{3}\alpha_2 \hat{a}_e e^{i\hat{\sigma} t_2} \bar{A} + \left(3\alpha_3 - \frac{10}{3}\alpha_2^2\right) |A|^2 A \right\} e^{it_0}$$
$$+ nst + cc \tag{6.75}$$

解析的近似解法: 非線形系の解析的近似解法には，摂動法，歪座標法，平均法などがある．多重尺度法はシステマティックに解析が進められるため，平均法とともに近年よく用いられている方法である．

ここで nst は x_3 に永年項を発生しない項を表し，cc は右辺のすべての項の共役項を表す．右辺で x_3 に永年項を発生するのは e^{it_0} に比例する項であるから係数を 0 と置く．

$$2iD_2A + 2i\hat{\gamma}A - \frac{4}{3}\alpha_2\hat{a}_e\mathrm{e}^{i\hat{\sigma}t_2}\bar{A} + \left(3\alpha_3 - \frac{10}{3}\alpha_2^2\right)|A|^2A = 0 \tag{6.76}$$

上式は非自律系であるが変数変換

$$A = Be^{i\hat{\sigma}t_2/2} \tag{6.77}$$

を施すと以下の自律系の方程式に変換できる．

$$2iD_2B + 2i\hat{\gamma}B - \hat{\sigma}B - \frac{4}{3}\alpha_2\hat{a}_e\bar{B} + \left(3\alpha_3 - \frac{10}{3}\alpha_2^2\right)|B|^2B = 0 \tag{6.78}$$

複素数 B を以下のように置いて上式に代入し，

$$B = \frac{\hat{a}(t_2)}{2}\mathrm{e}^{i\beta(t_2)} \tag{6.79}$$

両辺に $\varepsilon^{3/2}$ を乗じた後，実部と虚部に分け，ハットのついているパラメータをもとの方程式 (6.18) に含まれているハットのついていないパラメータで表し，さらに時間尺度 t_2 を t にもどすと，以下の振幅 a と初期位相 β の時間変化に関する微分方程式が得られる．

$$\frac{da}{dt} = -\gamma a - \frac{2\alpha_2 a_e^*}{3}a\sin 2\beta \tag{6.80}$$

$$a\frac{d\beta}{dt} = -\frac{\sigma}{2}a - \frac{2\alpha_2 a_e^*}{3}a\cos 2\beta + \frac{1}{24}\left(9\alpha_3 - 10\alpha_2^2\right)a^3 \tag{6.81}$$

ここで $a = \varepsilon^{1/2}\hat{a}$ である．

方程式 (6.62) の近似解は式 (6.77), (6.79) を用いて式 (6.71) より以下のように表せる．

$$x = a\cos\left(\frac{\nu^*}{2}t + \beta\right) + O(\varepsilon) \tag{6.82}$$

ここで a, β は式 (6.80), (6.81) に支配される．式 (6.80), (6.81) から振幅が非零の定常状態 (非自明な定常状態) を求める．式 (6.80), (6.81) で $da/dt = d\beta/dt = 0$ とした式

$$0 = \gamma + \frac{2\alpha_2 a_e^*}{3}\sin 2\beta_{st} \tag{6.83}$$

$$0 = -\frac{\sigma}{2} - \frac{2\alpha_2 a_e^*}{3}\cos 2\beta_{st} + \frac{1}{24}\left(9\alpha_3 - 10\alpha_2^2\right)a_{st}^2 \tag{6.84}$$

振幅に対する初期位相の影響: 基礎方程式 (6.18) は非自律系 (方程式中に時間を陽に含む系) であるので，振幅 a の時間変化や定常振幅の大きさは初期位相 β に依存する．

$t_0 + \hat{\sigma}t_1/2 = (1 + \sigma/2)t = (\nu/2)t$ の関係を用いた

から得られる a_{st}, β_{st} が定常状態での振幅と位相である．したがって定常振幅 a_{st} は

$$a_{st} = 2\sqrt{\left(3\sigma \pm 2\sqrt{4\alpha_2^2 a_e^{*2} - 9\gamma^2}\right) \Big/ (9\alpha_3 - 10\alpha_2^2)} \quad (6.85)$$

のように表せる．$4\alpha_2^2 a_e^{*2} - 9\gamma^2 >$ のとき，すなわち加振振幅が

$$a_e^* > \frac{3\gamma}{2\alpha_2} \quad (6.86)$$

の条件を満たすとき非自明な定常振動が存在し，このときの初期位相は以下の式を満たす β_{st} である．

$$\sin 2\beta_{st} = -\frac{3\gamma}{2\alpha_2 a_e^*} \quad (6.87)$$

$$\cos 2\beta_{st} = \frac{3}{2\alpha_2 a_e^*}\left\{-\frac{\sigma}{2} + \frac{1}{24}\left(9\alpha_3 - 10\alpha_2^2\right) a_{st}^2\right\}$$

$$= \pm\frac{1}{2\alpha_2 a_e^*}\sqrt{4\alpha_2^2 a_e^{*2} - 9\gamma^2} \quad (6.88)$$

ここで式 (6.85) と式 (6.88) の複号は同順である．

式 (6.85) の根号内の分母 $9\alpha_3 - 10\alpha_2^2$ の符号によって，周波数応答曲線の様相が定性的に異なる．ここでは $9\alpha_3 - 10\alpha_2^2 < 0$ の場合について具体的に周波数応答曲線を調べよう．外側の根号内が正になるときに定常振幅が存在するから，以下の範囲で二つの定常振幅が存在することになる．

$$\sigma < \frac{2}{3}\sqrt{4\alpha_2^2 a_e^{*2} - 9\gamma^2}:$$
$$a_{st-} = \left\{\left(12\sigma - 8\sqrt{4\alpha_2^2 a_e^{*2} - 9\gamma^2}\right) \Big/ (9\alpha_3 - 10\alpha_2^2)\right\}^{1/2} \quad (6.89)$$

$$\sigma < -\frac{2}{3}\sqrt{4\alpha_2^2 a_e^{*2} - 9\gamma^2}:$$
$$a_{st+} = \left\{\left(12\sigma + 8\sqrt{4\alpha_2^2 a_e^{*2} - 9\gamma^2}\right) \Big/ (9\alpha_3 - 10\alpha_2^2)\right\}^{1/2} \quad (6.90)$$

式 (6.70) を考慮して周波数応答曲線を描くと図 6.8 のようになる．ここで実線は安定な定常振幅，破線は不安定な定常振幅であり，自明な定常状態（振幅 0 の定常状態）の安定性は 3.2 節と同様にして求められ，非自明な定常状態の安定性は以下のようにして判定される．

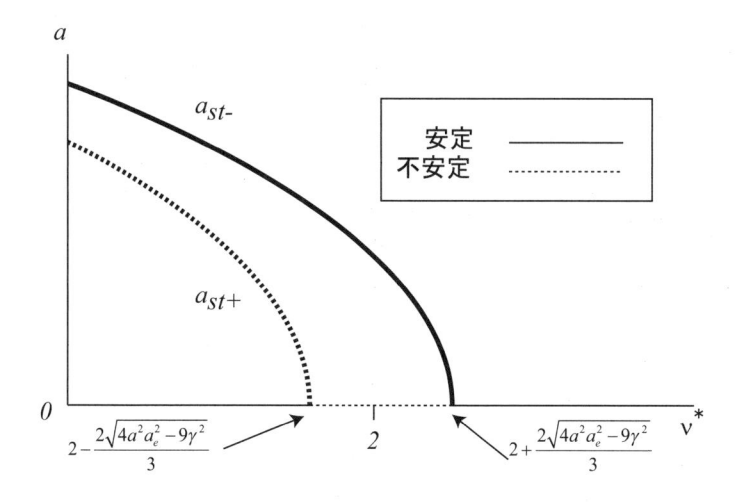

図 **6.8** 周波数応答曲線

a および β を以下のようにおき $\Delta a(t)$ と $\Delta\beta(t)$ の時間変化を求めることにより定常状態での振幅と初期位相 a_{st} と β_{st} の安定性を判別する．

$$a(t) = a_{st} + \Delta a(t), \quad \beta(t) = \beta_{st} + \Delta\beta(t) \tag{6.91}$$

上式を式 (6.80), (6.81) に代入し，Δa と $\Delta\beta$ の 2 次以上の微小量を無視すると以下の式を得る．ここで式 (6.83) を用いた．

$$\frac{d}{dt}\begin{bmatrix} \Delta a \\ \Delta\beta \end{bmatrix} = \begin{bmatrix} 0 & -\frac{4}{3}\alpha_2 a_e^* a_{st} \cos 2\beta_{st} \\ \frac{1}{12}(9\alpha_3 - 10\alpha_2^2)a_{st} & \frac{4}{3}\alpha_2 a_e^* \sin 2\beta_{st} \end{bmatrix}\begin{bmatrix} \Delta a \\ \Delta\beta \end{bmatrix} \tag{6.92}$$

ここで線形オペレータ

$$A = \begin{bmatrix} 0 & -\frac{4}{3}\alpha_2 a_e^* a_{st} \cos 2\beta_{st} \\ \frac{1}{12}(9\alpha_3 - 10\alpha_2^2)a_{st} & \frac{4}{3}\alpha_2 a_e^* \sin 2\beta_{st} \end{bmatrix} \tag{6.93}$$

の固有値 λ は以下の固有方程式を満足する．

$$\lambda^2 - \frac{4}{3}\alpha_2 a_e^* \sin 2\beta_{st} \lambda$$
$$+ \frac{1}{9}(9\alpha_3 - 10\alpha_2^2)\alpha_2 a_e^* \cos 2\beta_{st} a_{st}^2 = 0 \tag{6.94}$$

式 (6.87) と式 (6.88) を使うと

$$\lambda^2 + 2\gamma\lambda \pm \frac{1}{18}(9\alpha_3 - 10\alpha_2^2)a_{st}^2\sqrt{4\alpha_2^2 a_e^{*2} - 9\gamma^2} = 0 \tag{6.95}$$

ここで上式と式 (6.85), (6.88) の複号は同順である．さて，$\gamma > 0$ であるから，式 (6.95) の定数項が正のときは固有値は二つの負の実数か実部負の共役複素数であるので定常状態は安定，定数項が負の

ときは固有値は正負の実数であるので定常状態は不安定である．今 $9\alpha_3 - 10\alpha_2^2 < 0$ の時を考えているので，式 (6.95) の複号が負の場合が安定，正の場合が不安定になり（式 (6.85) の複号の負をとる定常状態 a_{st-} が安定，正をとる定常状態 a_{st+} が不安定），結局周波数応答曲線は図 6.8 のようになる．

第6章の参考書

(1) Nayfeh, A. H., Mook, D. T. "Nonlinear Oscillations" Wiley Interscience, 1979.
- 非常にわかりやすく，非線形振動現象を幅広く解析している．
- 摂動法を用いた非線形振動の解析法が書いてある．
- 分岐理論の観点から非線形振動を扱っておらず，分岐現象に関する記述がない．この意味から，古典的な非線形振動の教科書と位置づけられる．

(2) Strogatz, S. H. "Nonlinear Dynamics and Chaos" Westview Press, 1994.
- 非常にわかやすく，非線形力学系理論の基礎を学べる教科書．
- 基本的な分岐現象を数学的にやさしく説明している．

(3) Guckenheimner, J., Homes, P. "Nonlinear Oscillations, Dynamical Systems, and Bifurcations of Vector Fields" Springer-Verlag, 1990.
- 非線形力学系理論を多少数学的に記述している．
- 力学系理論の初歩から高度な数学理論への橋渡し的な文献である．
- 多くの論文に引用されている有名な著書．

(4) 藪野浩司, "工学のための非線形解析入門" サイエンス社, 2004.
- 力学系理論の初歩を具体的な物理モデルを利用して説明している．
- 座屈現象など身近に起こる分岐現象を取り上げて，分岐理論の初歩をわかりやすく説明している．
- 高周波加振によるフィードバック制御を用いない安定化の方法や劣駆動マニピュレータの運動制御を取り上げ，非線形現象の積極的な応用例を示している点が特徴である．

───── 演習問題 ─────

問題 6.1 式 (6.45), (6.46) を式 (6.43), (6.44) から求めよ.

問題 6.2 図 6.2 において物体下部の磁石を (厚さ 1×10^{-2}m, 長さ 7.5×10^{-2}m, 幅 1×10^{-2}m のフェライト磁石とし, 基盤側磁石には厚さおよび幅が物体側の磁石と同じで, 長さが 2×10^{-1}m のフェライト磁石が装着されている場合を考える. これらの磁石のギャップと反発力の間の関係は実験的に図 6.9 のように表せる. 物体の磁石を含めた質量を $m = 5$kg とする.

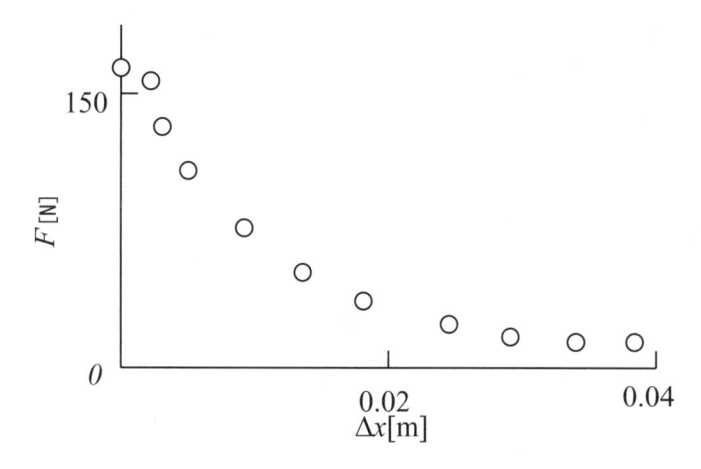

図 6.9 実験によって得られた磁石間隙と反発力の関係

(a) この物体の浮上高さ (平衡位置 x_{st}) をグラフより求めよ.

(b) この浮上高さ近傍で, 磁石のギャップと反発力の間の関係はグラフより, 以下の2次関数で近似的に表されるものとする.

$$F = mg - k_1(\Delta x - x_{st}) - k_2(\Delta x - x_{st})^2 \tag{6.96}$$

ここで $k_1 = 7.5 \times 10^3$N/m, $k_2 = 3.3 \times 10^3$N/m^2 である. このとき浮上物体の線形の固有振動数 ω を求めよ.

(c) 無次元方程式の2次の非線形項の無次元係数 α_2 を求めよ.

(d) 係数励振の発生領域を式 (6.49) より求めよ.

(e) この結果を有次元量で考察せよ.

問題 6.3 $9\alpha_3 - 10\alpha_2^2 > 0$ の場合の周波数応答曲線を描け.

問題 6.4 吸引型磁気浮上列車の浮上機構部分をモデル化すると, 図 6.10 のようになる.

ここで斜線の部分は静止位置に固定された磁性体 (ガイドレールに相当する), 質量 m の U 字型の物体は磁気浮上車 (magnetically

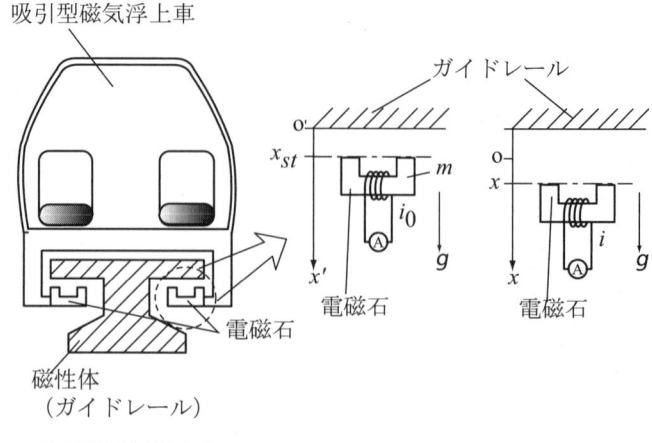

図 6.10 吸引型磁気浮上車

levitated vehicle) の電磁石に相当している．図のように，原点をガイドレールの位置にもつ座標 x' を導入し，ガイドレールと電磁石間のギャップを Δx，電磁石を流れる電流を i とする．このとき磁性体に働く**電磁吸引力** (magnetic absorptive force) F_m は近似的に以下のように書き表せる．

$$F_m = -k\frac{i^2}{\Delta x^2} \quad (6.97)$$

ここで k は正の定数である．またガイドレールには以下のような振幅 a_g，波長 l の正弦波状の不整が存在し，走行速度が v のときガイドレールの不整は静止座標に対して以下のように書き表せる．

$$x_g = a_g \sin\frac{2\pi v}{l} t \quad (6.98)$$

(a) ガイドレールに不整が存在しない場合について以下の問いに答えなさい．

(i) 運動方程式を x' を使って表せ．

(ii) 電磁石の電流を一定 ($i = i_0$) としたときの平衡位置での電磁石のギャップ $x' = \Delta x = x_{st}$ を求めよ．

(iii) 電磁石のギャップ Δx とその速度 $d\Delta x/dt$ に応じて電磁石の電流を

$$i = i_0\left\{1 + k_1(\Delta x - x_{st}) + k_2\frac{d\Delta x}{dt}\right\} \quad (6.99)$$

のように調整し，平衡位置 $x' = x_{st}$ すなわちギャップ $\Delta x = x_{st}$ で安定に浮上させたい．k_1 と k_2 をどのように設定すればよいか．

なお，外乱などによる平衡点からの電磁石の変位は十分に小さく，$(\Delta x - x_{st})/x_{st} \ll 1$ とせよ．

(iv) 上記の制御下で非線形性を考慮した運動方程式を無次元形式で示せ．なお代表長さを x_{st}，代表時間を $T = \sqrt{mx_{st}^3/\{ki_0^2(2k_1x_{st} - 2)\}}$ とせよ．

(b) ガイドレールに不整が存在する場合について以下の問いに答えなさい．

(i) ガイドレールに不整が存在する場合の無次元運動方程式を表せ．

(ii) 上式から走行速度に応じて様々な非線形振動が発生することを予測せよ．

コーヒーブレイク

　工学は数学や物理などとは違い，真理を探究する学問ではなく，人工物を設計したりその特性を解析する方法を提示するのがその役割である．数学や物理は複雑な機能を持った人間に役立つ人工物をデザインし実際にそれを実現するうえで，汎用性のある大変有用な道具 (ある意味コンピュータなどに比べてはるかに有用な道具) である．したがって，エンジニアを志す学生にとって重要なことは，コンピュータ言語のコマンドを数多く知っていることでも，解析用ソフトウエアの使い方を熟知していることでもなく (もちろん知っているに越したことはない)，道具として使いこなせるだけの数学や物理に関する深い知識を持っていることである．コンピュータ言語や解析ソフトが廃れてしまえばそれに関する知識は無意味になってしまうが，数学や物理は真理であるから廃れない．

　近頃，式がたくさん出てくる数学や物理のような科目は，工学系の学生には敬遠されがちである．"式ばかりで，何に役に立つかわからないから勉強する意欲がわかない"などという，理由も耳にする．もちろん，工学系の学生の姿勢として，何に役に立つかということに常に注意を払らうという姿勢は否定されるものではない．しかしながら，役に立つか立たないかという目先の判断基準に基づいた知識の習得では，大きなブレークスルーをもたらすような人工物の開発は望めない．何に役に立つかなどという"些細"な判断規準は捨てて，少なくとも大学にいる間はぜひ知的好奇心の赴くままに勉学に励んで頂きたい．エンジニアとして人工物を開発するために最も重要な道具 (要するに数学や物理) をしっかりと身につけその使い方を大いに磨いていただきたい．そのような環境を与えてくれるのが大学であり，大学の研究室である．

逆に会社では，市場のニーズを敏感にとらえ，社会に役立つものを作って利益を上げなければならない．そうしなければ会社はつぶれてしまうのだから．

7.
連結送水管の座屈現象

　流体力を受ける剛体の力学の応用例として，内部流による連結送水管の座屈現象を取り上げ，内部流による流体管路の座屈現象の本質を理解する．同時に，そのための支配方程式の立て方を学ぶことにより，将来，**流体関連振動** (flow-induced vibration) を解析するための基礎を習得する．

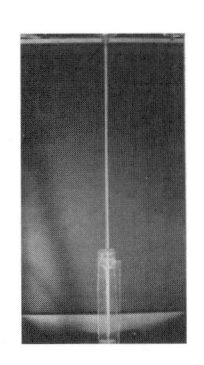

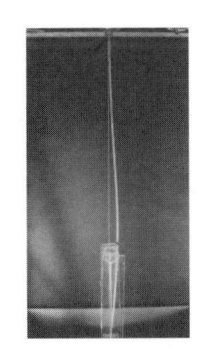

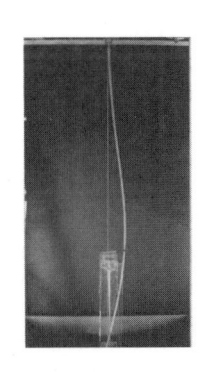

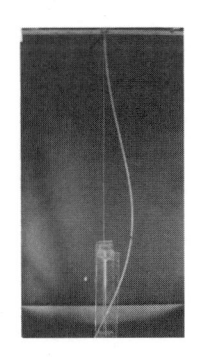

図 7.1　内部流による流体管路の座屈現象
管内流速 v がある一定値 v_{cr} までは弾性送水管は真直ぐな状態であるが，それを越えると急激に管路が曲がり始め，そのあと v の増加と共に管路の曲がりが大きくなる．

7.1 解析モデルと基礎方程式

図 7.2 に示されるように，管路の中に定常な内部流が存在する場合，管路が内部流によりどのような影響を受けるかを考えてみる．

管路の支持部分は xy 平面内で自由に回転が出来，さらに E 点は x 方向に自由に上下出来るものとする．また管路内の流体運動は 1 次元非圧縮性流れと仮定する．

以下では，最初に管内流体の運動方程式を求め，次に管路の運動方程式を求める．

> **管に作用する流体力 $d\boldsymbol{F}$**：$d\boldsymbol{F}$ は，本来，管路壁に作用する流体圧力と粘性応力を積分することにより求まる．興味のある著者は，本章の文献 (2) を参照されたい．

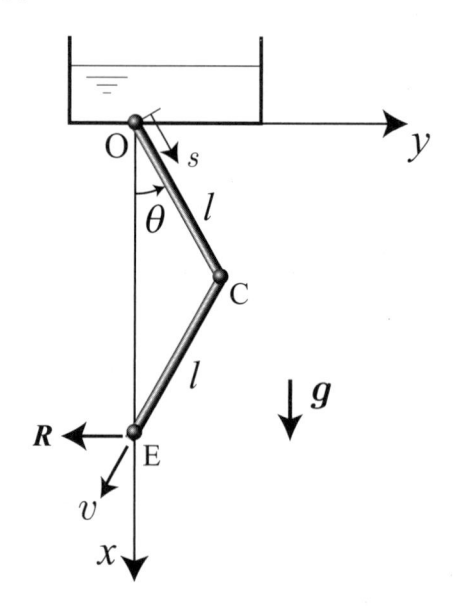

図 7.2 内部流による流体管路の座屈現象

7.1.1 管内流体の運動方程式

図 7.3 に示される，管路に固定された微小空間 ds 内の 1 次元流れに**運動量**（momentum）の保存則を適用すると

$$\frac{\partial \rho v}{\partial t}\boldsymbol{t}Ads = (p_- + \rho v^2)A\boldsymbol{t}_- - (p_+ + \rho v^2)A\boldsymbol{t}_+ \\ - d\boldsymbol{F} + \rho(\boldsymbol{g}-\boldsymbol{a})Ads \tag{7.1}$$

となる．

ここで，$-d\boldsymbol{F}$ は管が流体に作用する力であり，管路壁で流体が管に作用する力 $d\boldsymbol{F}$ と**作用・反作用**（action and reaction）の関係にある．$\boldsymbol{a}$ は管の運動により生じる見かけの加速度である．

> **式 (7.1) の $-\rho\boldsymbol{a}Ads$**：この項は，管路微小区間 ds の質量中心の並進加速度により生じる慣性力と，ds の質量中心周りの回転と内部流が同時に存在するとき発生するコリオリ力の和で，管の送水管の座屈現象では 0 となる．詳細が必要になったときには，第 1 章の文献 (1) の 50 頁あるいは本章の文献 (1) の 135 頁を参照されたい．

式 (7.1) で定常流 すなわち

$$\frac{\partial}{\partial t} = 0, \quad \boldsymbol{a} = \boldsymbol{0}$$

と置くと，管内1次元定常流れの運動方程式は

$$\boldsymbol{0} = (p_- + \rho v^2)A\boldsymbol{t}_- - (p_+ + \rho v^2)A\boldsymbol{t}_+ \\ - d\boldsymbol{F} + \rho \boldsymbol{g} A ds \tag{7.2}$$

となる．

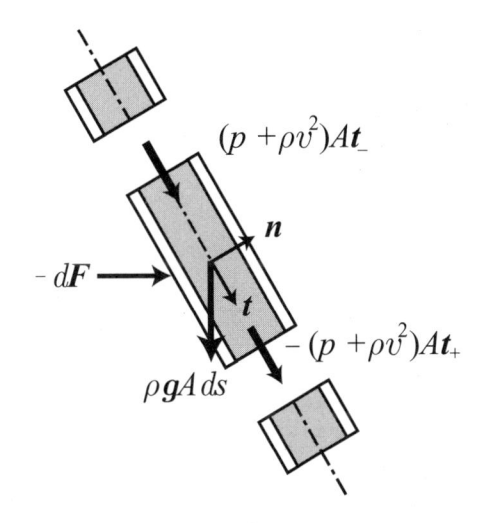

図 **7.3**　管路に固定された微小区間 ds 内の流体に対する運動量の保存

7.1.2 管路の運動方程式

**a. 管路要素 CE に作用する外力の C 点周りの
モーメントの釣り合い**

図 7.4, 7.5 において，管路要素 CE に作用する重力，流体力および反力の C 点周りのモーメントの釣り合いを考えると

$$0 = \int_C^E s\, m\, ds\, g\sin\theta + \int_C^E s\, dF_n - lR\cos\theta \tag{7.3}$$

となる．ただし $R = |\boldsymbol{R}|$ である．

式 (7.3) の右辺第2項に含まれる管路 CE に作用する流体力 dF_n は，流体の運動方程式 (7.2) の $\boldsymbol{n}$ 方向成分を取り出すことにより

$$0 = -dF_n + \rho A g \sin\theta ds \\ \implies dF_n = Mg\sin\theta ds \quad (M \equiv \rho A) \tag{7.4}$$

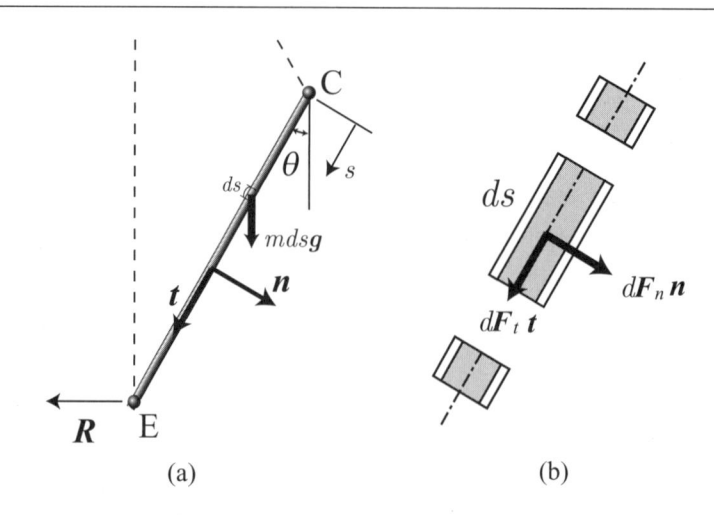

図 7.4　管路 CE に作用する重力と固定壁からの拘束力

となる．式 (7.4) を式 (7.3) に代入して dF_n を消去すると

$$0 = \int_0^l s\,ds(m+M)g\sin\theta - lR\cos\theta \tag{7.5}$$

となる．上式の右辺第 2 項は図 7.4 に示されるように，固定壁からの反力によるモーメントである．

式 (7.5) の積分を実行すると，管路 CE に作用する外力の C 点周りのモーメントの釣り合い式は

$$0 = \frac{m+M}{2}l^2 g\sin\theta - lR\cos\theta \tag{7.6}$$

と表される．

b. 管路要素 OCE に作用する外力の O 点周りのモーメントの釣り合い

図 7.5(a) で，管路要素 OCE に作用する外力の O 点周りのモーメントの釣り合い式は

$$\mathbf{0} = \int_O^C \mathbf{r}_1 \times d\mathbf{f}_1 + \int_C^E \mathbf{r} \times d\mathbf{f}_2 \tag{7.7}$$

となる．ここで $d\mathbf{f}_1$ は管路 OC の $\mathbf{r}_1$ における微小区間に作用する外力，同様に $d\mathbf{f}_2$ を管路 CE における外力とする．

ここで $\mathbf{r} = \mathbf{l} + \mathbf{r}_2$ と置き，式 (7.3) つまり

$$\mathbf{0} = \int_C^E \mathbf{r}_2 \times d\mathbf{f}_2$$

を考慮すると，式 (7.7) は

7.1. 解析モデルと基礎方程式

(a) 位置ベクトル   (b) 管CEに作用する流体力

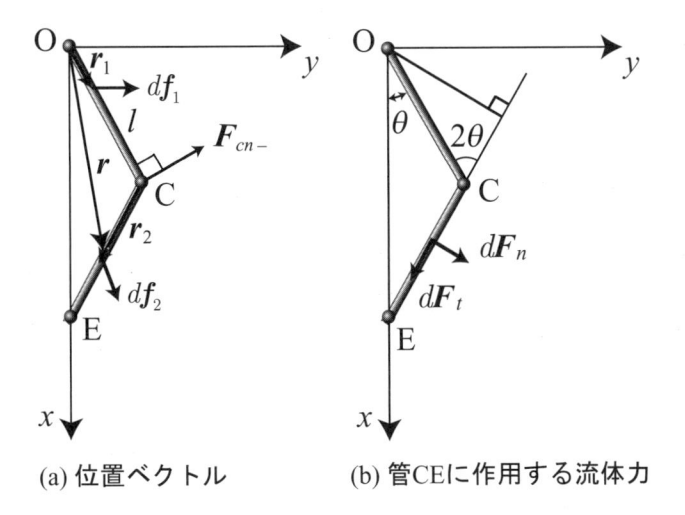

図 **7.5**　管路要素 CE における位置ベクトル r と CE 部分に作用する流体力 $d\boldsymbol{F} = dF_t \boldsymbol{t} + dF_n \boldsymbol{n}$

$$\boldsymbol{0} = \int_O^C \boldsymbol{r}_1 \times d\boldsymbol{f}_1 + \boldsymbol{l} \times \int_C^E d\boldsymbol{f}_2 \tag{7.8}$$

となる．

式 (7.8) を具体的に成分で記述すると

$$\begin{aligned}0 = &-\frac{m+M}{2}l^2 g \sin\theta + lF_{cn} - mgl^2 \sin\theta \\ &+ l\int_C^E (-dF_t \sin 2\theta + dF_n \cos 2\theta) \\ &- lR\cos\theta\end{aligned} \tag{7.9}$$

と表される．ただし $F_{cn} = |\boldsymbol{F}_{cn-}|$ である．

式 (7.9) の F_{cn} を求めるために，流体の運動方程式 (7.2)

$$\boldsymbol{0} = (p_- + \rho v^2)A\boldsymbol{t}_- - (p_+ + \rho v^2)A\boldsymbol{t}_+ - d\boldsymbol{F} + \rho \boldsymbol{g} A ds$$

を，図 7.6 のC点近傍の微小区間に適用すると

$$F_{cn} = (p_c A + Mv^2)\sin 2\theta \tag{7.10}$$

となる．

管路 CE の微小部分 ds におよぼす流体力の管軸方向の成分 dF_t は，流体の運動方程式 (7.2) の $\boldsymbol{t}$ 方向成分より

$$0 = -\frac{\partial}{\partial s}(pA + Mv^2)ds - dF_t + Mg\cos\theta ds \tag{7.11}$$

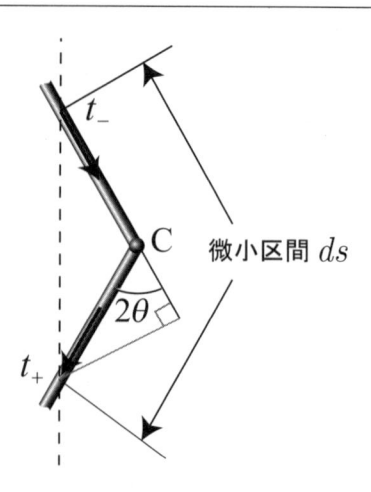

図 **7.6** C 点近傍の微小区間 ds の拡大図

と表される．式 (7.4) と式 (7.11) を用いると，式 (7.9) 右辺第 4 項つまり管路 CE に作用する流体力の C 点周りのモーメントは

$$\int_C^E (-dF_t \sin 2\theta + dF_n \cos 2\theta)$$
$$= \int_C^E Mg(-\cos\theta \sin 2\theta + \sin\theta \cos 2\theta)ds$$
$$+ \int_C^E \frac{\partial}{\partial s}(pA + Mv^2)\sin 2\theta ds$$
$$= -Mgl\sin\theta + (p_E A + Mv_E^2 - p_c A - Mv_c^2)\sin 2\theta \tag{7.12}$$

と表される．ここで p_E は大気圧であり，管路面積が一定のため，連続の式より $v_E = v_c$, $p_c = p_+$ である．

したがって，式 (7.10), (7.12) を式 (7.9) に代入すると

$$0 = -\frac{3(m+M)}{2}l^2 g \sin\theta + Mv^2 l \sin 2\theta - lR\cos\theta \tag{7.13}$$

となる．

式 (7.6) と式 (7.13) より壁からの拘束力 R を消去すると，θ についての方程式

$$0 = -2(m+M)lg\sin\theta + Mv^2 \sin 2\theta \tag{7.14}$$

が得られ，これを整理すると

$$(\beta V^2 \cos\theta - 1)\sin\theta = 0 \tag{7.15}$$

ただし

$$V = \frac{v}{\sqrt{lg}}, \qquad \beta = \frac{M}{m+M}$$

となる．

すなわち管路のたわみ θ は，無次元流速 V と管路全体に占める流体の質量比 β の関数として求まることになった．

7.2 解 法

式 (7.15) は，無次元流速 $V(>0)$ の全範囲で

$$\sin\theta = 0 \ \text{すなわち} \ \theta = 0 \tag{7.16}$$

なる自明な解を持つ．さらに

$$\beta V^2 > 1 \ \text{のとき} \ \cos\theta = \frac{1}{\beta V^2} \tag{7.17}$$

なる非自明な解を持つ．

式 (7.16) と (7.17) を用いて，無次元流速 V と管路のたわみ角 θ との関係を図 7.7 に示す．同図より，管路は，無次元流速 V が

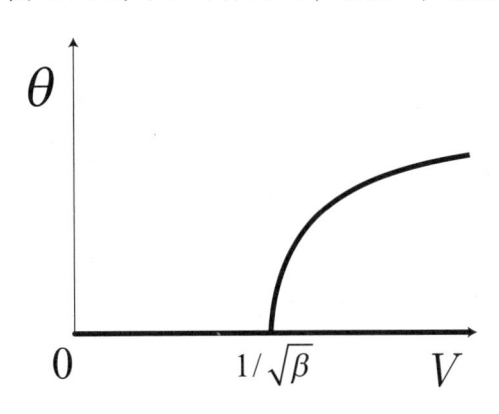

図 7.7 無次元流速 V と管路のたわみ角 θ

大学院に進むと学ぶ幾何学的力学系理論の分野では，図 7.7 のように，無次元パラメータ V の関数として未知数 θ を表す図のことを**分岐図** (bifurcation diagram)，臨界流速に相当する点を**分岐点** (bifurcation point) と呼ぶ．

$1/\sqrt{\beta}$ より大きくなると，管路は曲がり始める可能性が現れる．この流速を**臨界流速** (critical flow velocity)V_{cr} と呼ぶ．

さらに，$0 < \theta \ll 1$ の範囲で，式 (7.17) の近似公式を求めると

$$\theta = \frac{2}{\sqrt{V_{cr}}}\sqrt{(V - V_{cr})} \tag{7.18}$$

のように表現される．すなわち，$V > V_{cr}$ の領域において θ は，流速の臨界流速からの増加分 $dV = V - V_{cr}$ の平方根にほぼ比例することがわかる．式 (7.18) の誘導は以下の通りである．

ツール

テイラー展開を用いた近似的表現

式 (7.17) は，$|\theta| \ll 1$ のとき，$V = V_{cr} + dV$ (ただし $|dV| \ll V_{cr}$) と置き，式 (7.17) の左辺を θ, 同じく右辺を dV で展開すると以下のようになる．

$$\begin{aligned}
1 - \frac{\theta^2}{2} &\approx \frac{1}{\beta(V_{cr} + dV)^2} \\
&\approx \frac{1}{\beta V_{cr}^2 \{1 + (dV/V_{cr})\}^2} \\
&\approx \frac{1}{\beta V_{cr}^2}(1 - 2\frac{dV}{V_{cr}})
\end{aligned} \tag{7.19}$$

ここで式 (7.17) が $\theta = 0$ の解を持つときの無次元流速 $V = V_{cr}$ は $1 = 1/(\beta V_{cr}^2)$ を満足することを考慮すると，上式は

$$\theta^2 = 4\frac{dV}{V_{cr}} \tag{7.20}$$

すなわち

$$\theta^2 = \frac{4}{V_{cr}}(V - V_{cr}) \tag{7.21}$$

となり，これを書き改めると式 (7.18) のように表される．

このような近似公式の求め方は，空気中の音速 $c = \sqrt{\kappa GRT}$ を，$c = 331 + 0.6t\,(\text{m/sec})$ として見やすい形で表現する場合にも使われている．方法を一度覚えておくと，将来，役に立つ可能性がある．

努力してもなかなか効果が見えない，とくに学問の世界では往々にしてそうである．しかしある壁を越えると，急に物事が見えてくることを経験することもあり，いわゆる壁を乗り越えたと言われることである．

7.3 解の物理的意味

このような現象は，一般に**座屈現象**（backling phenomena）と呼ばれている．図 7.8 に示されたように，連結送水管では，管内流速 v がある特定の流速 v_{cr} を超えるまでは，管路のたわみが発生しないところが興味のあるところである．ではこのような現象が何故起こるかを物理的に考察してみる．すなわち図 7.9 で流速 v の増加に伴い流体力による負の復元モーメント $Mv^2 l \sin 2\theta$ が大きくなると，重力による正の復元モーメント $2(M+m)l^2 g \sin\theta$ と交わる点が発生する．自明でない θ に対して，最初に交点を持つときが座屈現象の発生するときである．

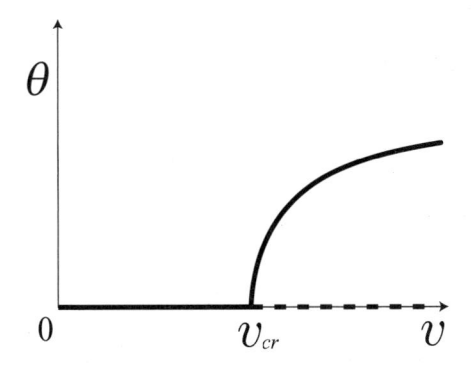

図 7.8　流速 v と角度 θ

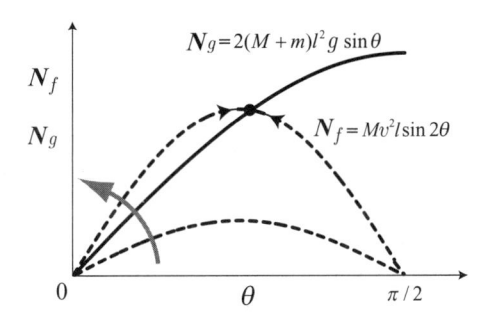

図 7.9　管路のたわみ角 θ と管路に作用する外力の O 点周りのモーメント

第 7 章の参考書

(1) 橋本英典, 松信八十男ほか共訳 "入門流体力学" 東京電機大学出版局, 1981．(G.K.Bachelor "An Introduction to Fluid Dynamics" Camb.Univ. Press.,1967.)
- 非慣性座標系つまり加速度を持つ座標系における流体運動を記述している．
(2) 今井　功 "流体力学（前編）" 掌華房, 2001．
- 流体力学の専門書であり，多くの人に読まれている名著．

―――― 演習問題 ――――

問題 7.1 図 7.10 に示されるような，長さ $2l$，単位長さ当りの質量 m の連結送水管の静的平衡状態におけるたわみ角 θ は

$$0 = -2(m+M)lg\sin\theta + Mv^2\sin 2\theta \tag{7.22}$$

から求まり，管内流速 v とたわみ角 θ の関係は図 7.11 のように示される．ただし M, v は内部流体の単位長さ当りの流体の質量および管内流速であり，$v_{cr} = \sqrt{(M+m)lg/M}$ は送水管の内部流による座屈の臨界流速である．このとき，図 7.11 の静的平衡状態 (1)，

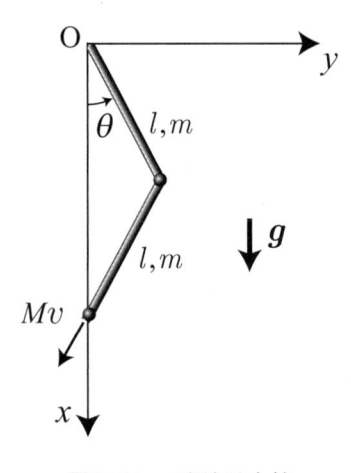

図 **7.10** 連結送水管

(2) および (3) の安定性を図 7.12 を用いて説明しなさい．

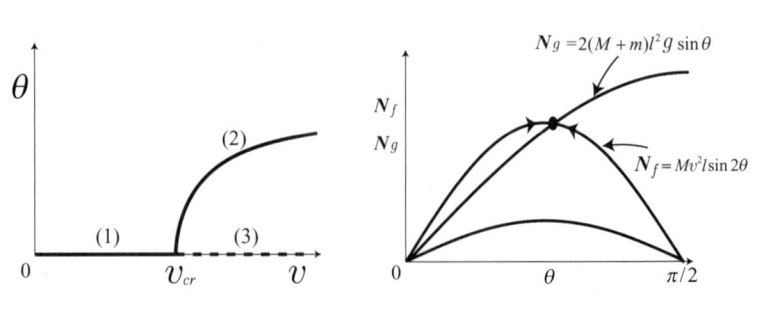

図 **7.11** 流速 v と角度 θ　　図 **7.12** 流体力と重力のモーメント

問題 7.2 問題 7.1 において，$M = 12.0\mathrm{g/m}$，$m = 48.0\mathrm{g/m}$，$l = 0.30\mathrm{m}$ として，臨界流速 v_{cr} を求めなさい．また，$v = 4.0\mathrm{m/s}$ のときの座屈角 θ を求めなさい．

コーヒーブレイク

本章では直管の連結部分の座屈現象を見るにあたり，内部の流れが定常の場合を扱ってきた．しかし，管内流体に脈動があるような場合，図 7.13 に示されるような連結送水管の振動現象が観察される．

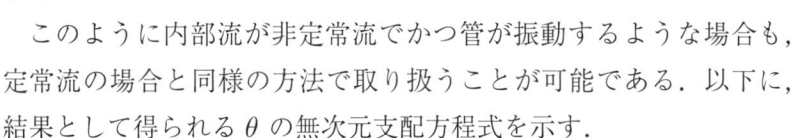

このように内部流が非定常流でかつ管が振動するような場合も，定常流の場合と同様の方法で取り扱うことが可能である．以下に，結果として得られる θ の無次元支配方程式を示す．

$$\frac{5-3\cos 2\theta}{2}\frac{d^2\theta}{dt^2} + \frac{3}{2}\sin 2\theta \left(\frac{d\theta}{dt}\right)^2 + \sin\theta$$
$$= \beta\left\{\sqrt{3}V(-1+\cos 2\theta)\frac{d\theta}{dt} + \left(\frac{\sqrt{3}}{2}\frac{dV}{dt} + \frac{V^2}{2}\right)\sin 2\theta\right\} \tag{7.23}$$

式 (7.23) において，右辺第一項がコリオリ力，第二項が非定常流体力と遠心力による流体力項である．また，時間変動項 $d/dt = 0$ とすれば，定常流の場合の式 (7.15) に一致することが確認できる．

ここで，$0 < \theta \ll 1$ の範囲で考えれば，式 (7.23) は以下のようになる．

$$\frac{d^2\theta}{dt^2} + \theta = \beta\left(\sqrt{3}\frac{dV}{dt} + V^2\right)\theta \tag{7.24}$$

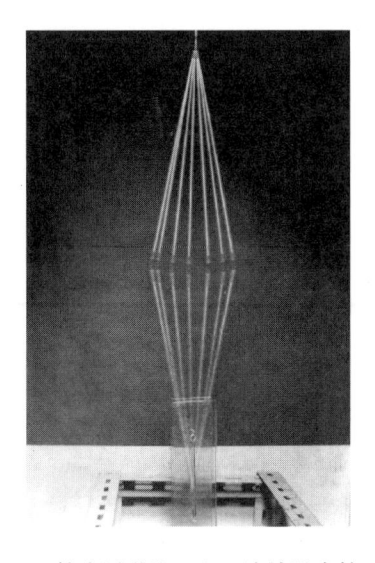

図 **7.13** 管内脈動流による連結送水管の振動

すなわち，連結送水管が微小振動をしている場合，管に作用する流体力としては，流体の加速度に比例した非定常流体力と流速の2乗に比例した遠心力が作用する．

式 (7.24) から，dV/dt の項に θ がかかっており，連結送水管が初期に真直ぐであれば，管内脈動流に起因した強制振動は起こりえないことがわかる．そしてこの場合には，右辺の流速変動に伴い第6章で示された係数励振振動が発生していることが推測される．

A
演習問題の解答

1章の解答

解答 1.1 図 1.2 において，質量 m の物体を質点とみなすことより，その水平方向の運動方程式は

$$m\frac{d^2x}{dt^2} = -kx - c\frac{dx}{dt} + f\sin\omega t \tag{A.1}$$

と表される．

右辺第 1 項はばねの復元力，同第 2 項は粘性抵抗による減衰力，そして同第 3 項は周期的強制外力を表している．

上式を書き改めると

$$m\frac{d^2x}{dt^2} + c\frac{dx}{dt} + kx = f\sin\omega t \tag{A.2}$$

となる．

解答 1.2 最初に，式 (1.25) の右辺を 0 と置いた方程式

$$\ddot{x}^*_h + 2\gamma\dot{x}^*_h + x^*_h = 0 \tag{A.3}$$

の解 x^*_h つまり式 (1.25) の**同次解**を求める．

すなわち式 (A.3) の解を $x^*_h = Ce^{\lambda t^*}$ と置き，これを式 (A.3) に代入すると

$$Ce^{\lambda t^*}(\lambda^2 + 2\gamma\lambda + 1) = 0 \tag{A.4}$$

となり，非自明な解つまり $C \neq 0$ の条件より

$$\lambda^2 + 2\gamma\lambda + 1 = 0 \tag{A.5}$$

で表される λ についての固有方程式が得られる．これから

$$\lambda = -\gamma \pm i\omega_n \tag{A.6}$$

となる．ただし，$\omega_n = \sqrt{1-\gamma^2}$ であり，これは減衰を考慮に入れた固有振動数である．以上より，解 x^*_h は

$$x^*_h = C_1 e^{(-\gamma+i\omega_n)t^*} + C_2 e^{(-\gamma_n-i\omega_n)t^*} \tag{A.7}$$

式 (1.25) の一般解の求め方： (i) 同式の右辺を 0 と置いた方程式の解つまり同次解 $x^*_h(t^*)$ を求める． (ii) 同式の特解 $x^*_p(t^*)$ を求める． (iii) 一般解 $x^*(t^*) = x^*_h(t^*) + x^*_p(t^*)$ が初期条件を満たすように，同次解の定数を決める．

と表される．さらに，物体の変位 x^* は実数であるため，C_1 と C_2 は共役 ($C_2 = \bar{C}_1$) となり，式 (A.7) は

$$x_h^* = e^{-\gamma t^*}(D_1 \cos \omega_n t^* + D_2 \sin \omega_n t^*) \tag{A.8}$$

と実数のみで書き直せる．

次に，**特解** x_p^* は本文中のツール欄に示されたように．

$$x_p^* = A \sin \nu t^* + B \cos \nu t^* \tag{A.9}$$

と求まる．ここで，A と B は，γ および ν の関数である．

最終的に，式 (1.25) の**一般解** $x^*(t^*)$ は，同次解 x_h^* と特解 x_p^* の重ね合わせの形

$$x^*(t^*) = x_h^*(t^*) + x_p^*(t^*) \tag{A.10}$$

で表される．したがって式 (1.25) の一般解は

$$\begin{aligned}x^* = &e^{-\gamma t^*}(D_1 \cos \omega_n t^* + D_2 \sin \omega_n t^*) \\ &+ A \sin \nu t^* + B \cos \nu t^*\end{aligned} \tag{A.11}$$

のように表される．

ここで，未定係数 D_1, D_2 は初期条件から決まる．すなわち，式 (A.11) とその t^* についての微分係数を初期条件式 (1.26) に代入すると

$$D_1 + B = 0, \qquad \omega_n D_2 - \gamma D_1 + \nu A = 0 \tag{A.12}$$

となり，これより

$$D_1 = -B, \qquad D_2 = -\frac{\nu A + \gamma B}{\omega_n} \tag{A.13}$$

と求まる．したがって初期条件を満足する方程式の解は，

$$\begin{aligned}x^* = &-e^{-\gamma t^*}\left(B \cos \omega_n t^* + \frac{\nu A + \gamma B}{\omega_n} \sin \omega_n t^*\right) \\ &+ A \sin \nu t^* + B \cos \nu t^*\end{aligned} \tag{A.14}$$

となる．ただし，A, B は，式 (1.20) で表される．

2章の解答

解答 2.1 路面の凹凸を $x_0 = \delta \sin\{2\pi(s/\lambda)\}$ と表せば，車両に乗った観測者から見ると $s = vt$ であることより，路面が $x_0 = \delta \sin\{2\pi(v/\lambda)t\} = \sin(4\pi t)$ [cm] となる．

すなわち，角振動数 $\omega = 4\pi$ [1/sec] であり，周波数 $f = \omega/2\pi$ に換算すると，2 [Hz] となる．

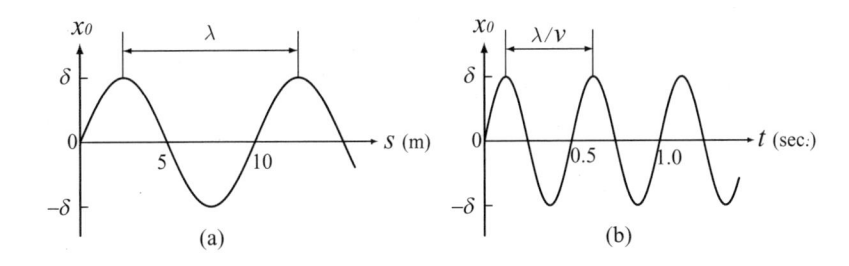

図 **A.1** 路面の周期的な凹凸と車両が受ける上下動

解答 2.2
(a) 特解 x_p^* を以下のように置く．

$$x_p^* = A\sin\nu t^* + B\cos\nu t^* \tag{A.15}$$

式 (2.7) に代入すると，

$$A = \frac{1}{1-\nu^2}, \qquad B = 0 \tag{A.16}$$

したがって

$$x_p^* = \frac{1}{1-\nu^2}\sin\nu t^* \tag{A.17}$$

を得る．

(b) 第 1 章のツールで示した未定係数法を用いると，いまの場合，右辺の項 $\sin t^*$ が同次解と同じであることより，その族は $t^*\sin t^*$，$t^*\cos t^*$ となる．したがって特解 x_p^* を以下のように置く．

$$x_p^* = At^*\sin t^* + Bt^*\cos t^* \tag{A.18}$$

式 (2.7) に代入すると，

$$A = 0, \qquad B = -\frac{1}{2} \tag{A.19}$$

したがって
$$x_p^* = -\frac{t^* \cos t^*}{2} \tag{A.20}$$
を得る．

解答 2.3

(a) $m\dfrac{d^2x}{dt^2}$ ： 質量×加速度)

$c\dfrac{dx}{dt}$ ： ダンパーによる減衰力

kx ： ばねによる復元力

$f \sin \nu t$ ： 外力

(b)

(i) ・未知数 x，独立変数 t を基準値との比で表す．
　　・現象を支配する独立なパラメータを探す．

(ii) (1) $kX \sim f \to X = \dfrac{f}{k}$

(2) $m\dfrac{X}{T^2} \sim kX$

(3) $T = \sqrt{\dfrac{m}{k}}$

(4) オーダ評価

(iii) $m\dfrac{X}{T^2}\ddot{\xi} + c\dfrac{X}{T}\dot{\xi} + kX\xi = f\sin\omega T\tau$

$\ddot{\xi} + \dfrac{c}{f}\dfrac{X}{T}\dot{\xi} + \xi = \sin\nu\tau$

$\therefore 2\gamma = \dfrac{c}{k}\sqrt{\dfrac{k}{m}} = \dfrac{c}{\sqrt{mk}} \to \gamma = \dfrac{c}{2\sqrt{mk}}$

$\nu = \omega T = \omega_n\sqrt{\dfrac{m}{k}}$

(c) (i) (5) 1　　(6) 3

(7)
$$2\gamma\dot{\xi} \sim \sin\tau \to |\xi| = \frac{1}{2\gamma}$$

(ii) $\dfrac{|x|}{X} = \dfrac{\sqrt{mk}}{c} \to |x| = \dfrac{f}{k}\dfrac{\sqrt{mk}}{c} = \dfrac{f}{c\sqrt{k/m}}$

解答 2.4

(a)

(i) $m\ddot{x} + kx = f\sin\omega t$

(ii) $m\ddot{x} + c\dot{x} + kx = f\sin\omega t$

(iii) $m\ddot{x} + kx + k_d(x - x_d) = f\sin\omega t$　　（物体の運動方程式）
　　　$m_d\ddot{x}_d - k_d(x - x_d) = 0$　　（付加質量の運動方程式）

(b) (i) 物体の支持を柔構造に出来るような場合.
　　(ii) 物体の固有振動数付近での振動振幅を緩和する場合.
　　(iii) 加振振動数が一定の定常振動を緩和する場合.

(c) (i) $\nu \ll \sqrt{k/m}$ の場合，物体の振動振幅 $a \sim f/(m\omega^2)$ となる.
　　(ii) $\nu \sim \sqrt{k/m}$ の場合，物体の振動振幅 $a \sim f/(c\omega)$ となる.
　　(iii) 物体の振動振幅は完全に 0 となる.

3 章の解答

解答 3.1　式 (3.34) より
$$i^2 = \frac{1}{m}\int |\boldsymbol{r}'|^2 \, dm \tag{A.21}$$
ここで dm は微小長さ dr 間のリング状の微小質量として
$$i^2 = \frac{1}{m}\int_0^a |\boldsymbol{r}'|^2 \, 2\pi r' dr' \rho = \frac{1}{m}\frac{\pi a^4}{2}\rho = \frac{a^2}{2}$$
したがって回転半径 i は $i = a/\sqrt{2}$

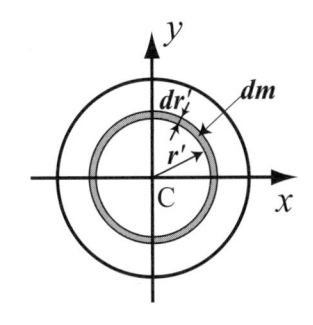

図 **A.2**　回転円板における微小面積 dm

解答 3.2

(a) 式 (3.6) より
$$0 = -m\frac{d^2\boldsymbol{r}_C}{dt^2} - k\boldsymbol{r}_S$$
$\boldsymbol{r}_C = r_C \boldsymbol{e}_{r_C}$, $\boldsymbol{e}_{r_C} = \cos\varphi \boldsymbol{i} + \sin\varphi \boldsymbol{j}$ とおいて計算すると
$$\frac{d^2\boldsymbol{r}_C}{dt^2} = -r_C\left(\frac{d\varphi}{dt}\right)^2 \boldsymbol{e}_{r_C} + r_C \frac{d^2\varphi}{dt^2}\boldsymbol{e}_{\varphi C}$$

ただし $e_{\varphi C} = -\sin\varphi \bm{i} + \cos\varphi \bm{j}$ である.
ここで右辺第 2 項は 0 であるので

$$\frac{d^2 \bm{r}_C}{dt^2} = -r_C \left(\frac{d\varphi}{dt}\right)^2 \bm{e_{r_C}} = -\bm{r}_C \omega^2$$

$\bm{r}_C = \bm{r}_S + \bm{\varepsilon}$ より

$$0 = m(r_S + \varepsilon)\omega^2 - kr_S$$

を得る.

(b) 右辺第 1 項は遠心力を,第 2 項はばね力を表す.

(c)

$$r_S = \frac{\varepsilon \omega^2}{k/m - \omega^2}$$

ここで $\sqrt{k/m}$ は固有振動数 ω_n であるので

$$r_S = \frac{\varepsilon}{(\omega_n/\omega)^2 - 1}$$

(d) $k = 10000$ N/cm $= 100$ Nm, $\omega_n = \sqrt{k/m}, \omega = n \cdot 2\pi/60$ を考慮し,(c) で得られた式に各値を代入すると,$r_S = -0.3$ (mm)

(e) $n_{cr} = \omega_n \times \dfrac{60}{2\pi} = 30.2$ (rpm)

4 章の解答

解答 4.1 はりの微小要素 δs の並進の運動方程式 (4.32) は,張力の影響が無視できる場合には

$$\rho A(\partial^2 v/\partial t^2) = \partial Q/\partial s \tag{A.22}$$

となる.ただし,はりの s 方向の伸縮と張力の影響は小さいとする.

次に,せん断力と曲げモーメントの関係式は,微小要素 δs の質量中心周りのモーメントの釣り合い式 (4.17) より

$$Q = -\partial M/\partial s \tag{A.23}$$

となる.たわみ角は小さく,回転慣性は小さく無視できるとする.

次に,曲げモーメントとそれによる微小要素の曲げ変形との関係式 (4.23) より

$$M = EI\frac{\partial \varphi}{\partial s} \tag{A.24}$$

を得る.

最後に，はりのたわみがはりの全長に比べて十分に小さい場合には，曲げ変形によるたわみ角の変化とはりのたわみの関係 (4.27) は，

$$\frac{\partial \varphi}{\partial s} \approx \frac{\partial^2 v}{\partial s^2} \tag{A.25}$$

となる．

式 (A.22) に，式 (A.23), (A.24), (A.25) を順に代入すると，

$$\rho A \frac{\partial^2 v}{\partial t^2} + \frac{\partial^2}{\partial s^2}\left(EI\frac{\partial^2 v}{\partial s^2}\right) = 0 \tag{A.26}$$

を得る．さらに EI が一様な場合には，次式となる．

$$\rho A \frac{\partial^2 v}{\partial t^2} + EI\frac{\partial^4 v}{\partial s^4} = 0 \tag{A.27}$$

解答 4.2 はりの微小要素 δs の並進の運動方程式 (4.31) は，

$$\rho A \frac{\partial^2 v}{\partial t^2} = \frac{\partial Q}{\partial s} + T\frac{\partial \varphi}{\partial s} \tag{A.28}$$

で与えられる．ここで，式 (A.28) の右辺第 1 項と第 2 項の大きさを比較すると，式 (4.34) の導出の結果を考慮し

$$\frac{EI\dfrac{\partial^4 v}{\partial s^4}}{T\dfrac{\partial^2 v}{\partial s^2}} \sim \frac{\dfrac{Ebh^3 v}{l^4}}{\dfrac{Tv}{l^2}} \sim \frac{Ebh}{T}\left(\frac{h}{l}\right)^2 \tag{A.29}$$

を得る．ここで長方形断面の断面 2 次モーメント $I = bh^3/12$ を利用した．これより第 1 項と第 2 項の大きさは，初期張力および他の部分の慣性力による張力の和に対して，曲げ変形による軸方向の引張力の比較となる．初期張力が十分に大きく支配的な場合には，第 1 項が無視でき，弦の問題に帰着する．また，初期張力がなく他の部分の慣性力の影響が小さい場合には第 2 項は無視できる．

解答 4.3 式 (4.31) の右辺第 2 項が支配的な場合は，

$$\rho A \frac{\partial^2 v}{\partial t^2} = T\frac{\partial \varphi}{\partial s} \tag{A.30}$$

となり，弦のたわみ v が全長に対して小さい場合には，

$$\partial \varphi/\partial s \approx \partial^2 v/\partial s^2 \tag{A.31}$$

の関係があるので，これを式 (A.30) に代入すると

$$\rho A \frac{\partial^2 v}{\partial t^2} = T\frac{\partial^2 v}{\partial s^2} \tag{A.32}$$

第 4 章では軸方向の伸縮はないと仮定しているので，それによる張力の影響はここでは考えていない．しかし実際には，軸方向の伸縮による張力の影響はたわみ v が大きくなるにしたがって無視することはできなくなる．

を得る．これは弦の運動方程式である．

式 (A.32) の解を，変数分離できるとして，

$$v(s,t) = Y(s)P(t) \tag{A.33}$$

として式 (A.32) に代入して整理し，

$$\frac{1}{Y}\frac{d^2Y}{ds^2} = \frac{\rho A}{T}\frac{1}{P}\frac{d^2P}{dt^2} \equiv -k^2 \tag{A.34}$$

と定義すると，次の二つの式を得る．

> k は s および t とは独立な定数

$$\frac{d^2Y}{ds^2} = -k^2 Y \tag{A.35}$$

$$\frac{d^2P}{dt^2} = -k^2\frac{T}{\rho A}P \tag{A.36}$$

式 (A.36) の時間領域の解は，1 自由度系の振動と同様に

$$k^2 T/\rho A = \omega^2 \tag{A.37}$$

と置き，

$$P(t) = A\cos\omega t + B\sin\omega t \tag{A.38}$$

である．また空間の形状を与える一般解は，

$$Y(s) = C_1 \cos ks + C_2 \sin ks \tag{A.39}$$

となる．

これに，両端を固定している場合の境界条件を適用すると，

$$Y(0) = 0, \qquad C_1 = 0 \tag{A.40}$$

$$Y(l) = 0, \qquad C_1 \cos kl + C_2 \sin kl = 0 \tag{A.41}$$

を得る．

式 (A.40), (A.41) より，自明な解（静止）以外の解を持つためには $C_2 \neq 0$ であり，その成立条件として振動数方程式

$$\sin kl = 0 \tag{A.42}$$

を得る．式 (A.42) の解として固有値 k_i が以下のように得られる．

$$k_i l = i\pi \quad (i = 1, 2, \cdots) \tag{A.43}$$

また，式 (A.37) より

$$\omega_i = k_i \sqrt{T/\rho A} = (i\pi/l)\sqrt{T/\rho A} \tag{A.44}$$

を得る．また，このときの固有関数 $Y_i(s)$ つまり固有振動モードは，次式のようになる．

$$Y_i(s) = C_{2i} \sin i\pi s \tag{A.45}$$

解答 4.4 両端を単純支持されたはりの振動数方程式は，式 (4.55) で与えられ，

$$\beta_i = i\pi \quad (i = 1, 2, \cdots) \tag{A.46}$$

である．また，固有角振動数は

$$\Omega_i = (\beta_i/\pi)^2 \tag{A.47}$$

である．したがって式 (A.46), (A.47) より $\Omega_1 = 1, \Omega_2 = 4, \Omega_3 = 9$ である．また，円形断面の断面 2 次モーメントは $I = \pi d^4/64$ であり，鋼製はりの密度 $\rho = 7800\mathrm{kg/m}^3$，縦弾性係数 $E = 206\mathrm{GPa}$ と置くと，両端を単純支持したはりの 1 次の固有角振動数と固有振動数は $\omega_s = 1014\mathrm{rad/s}$, $f_s = 161\mathrm{Hz}$ である．したがって実際のはりの固有振動数 $f_1 = 161\mathrm{Hz}$, $f_2 = 646\mathrm{Hz}$, $f_3 = 1.45\mathrm{kHz}$ を得る．

両端固定の場合には，表 4.2 より，$\beta_1 = 4.73, \beta_2 = 7.85, \beta_3 = 11.0$ であるので，式 (A.47) より $\Omega_1 = 2.26, \Omega_2 = 6.25, \Omega_3 = 12.3$ となり，$f_1 = 366\mathrm{Hz}$, $f_2 = 1.01\mathrm{kHz}$, $f_3 = 1.98\mathrm{kHz}$ を得る．他の境界条件においても同様に求めることができる．

軸の両端が固定支持されている場合の縦振動とねじり振動の振動数方程式は，どちらも同じ

$$\sin\left(\frac{\omega}{c}l\right) = 0 \tag{A.48}$$

である．ただし，縦振動では $c^2 = E/\rho$，ねじり振動では $c^2 = G/\rho$ である．したがって，縦振動とねじり振動の固有角振動数は，

$$\omega_i = (i\pi/l)\sqrt{E/\rho}, \qquad \omega_i = (i\pi/l)\sqrt{G/\rho} \tag{A.49}$$

で与えらる．したがって縦振動は $f_1 = 5.14\mathrm{kHz}$, $f_2 = 10.3\mathrm{kHz}$, $f_3 = 15.4\mathrm{kHz}$，ねじり振動は $f_1 = 3.22\mathrm{kHz}$, $f_2 = 6.45\mathrm{kHz}$, $f_3 = 9.67\mathrm{kHz}$ となる．

5 章の解答

解答 5.1 この問題は機構学の「連鎖の自由度」の概念で説明される．ここでは，土台は固定されているものとして，3 点の機構要素

があると考えよう．（クランク，連接棒，スライダ）それぞれの要素が3自由度を有するのであるから，全体では9自由度ある．

一方，土台とクランク，クランクと連接棒，連接棒とスライダ間では，相対的に回転運動のみが許されるので，2自由度ずつ失ったことになる．また，スライダと土台間では一方向の並進のみが許されるのでやはり2自由度を失っている．

これにより，4箇所の拘束位置で2自由度ずつが減じられ，$9-2\times 4 = 1$となり，機構全体では1自由度を有することとなる．

解答 5.2

$$\ddot{\boldsymbol{s}} = s\{(-\dot{\varphi}^2\cos\alpha - \ddot{\varphi}\sin\alpha)\boldsymbol{e}_l + (\ddot{\varphi}\cos\alpha - \dot{\varphi}^2\sin\alpha)\boldsymbol{e}_\varphi)\}$$

$$\begin{aligned}\boldsymbol{s}\times\ddot{\boldsymbol{s}} &= s^2(\ddot{\varphi}\cos^2\alpha - \dot{\varphi}^2\cos\alpha\sin\alpha \\ &\quad + \dot{\varphi}^2\cos\alpha\sin\alpha + \ddot{\varphi}\sin\alpha^2)\boldsymbol{k} \\ &= s^2\ddot{\varphi}\boldsymbol{k}\end{aligned} \quad (A.50)$$

解答 5.3 式 (5.29)

$$m\ddot{x} = mg - T\cos\theta \tag{A.51}$$

$$m\ddot{y} = -T\sin\theta \tag{A.52}$$

ここで式 (5.32) の関係が成り立つので，

$$\ddot{x} = -l\ddot{\theta}\sin\theta - l\dot{\theta}^2\cos\theta, \qquad \ddot{y} = l\ddot{\theta}\cos\theta - l\dot{\theta}^2\sin\theta$$

である．これを式 (5.29) に代入し，さらに，式 (A.51) $\times\sin\theta-$ 式 (A.52) $\times\cos\theta$ の計算を行えば，

$$ml\ddot{\theta} + mg\sin\theta = 0$$

を得る．

解答 5.4 5.3節で求めた剛体振子に作用する拘束力と全く同じ手順で導出できる．ここでは重力は作用しないこと，$\ddot{\theta} = 0$ に留意し，式 (5.86), (5.87) に示される λ_1, λ_2 の2乗和を考えて半径方向の力を合成すればよい．この結果は，良く知られているように，$\lambda = mr\omega^2$ $(\omega = \dot{\theta})$ となる．

解答 5.5 倒立振子の支持点を示す位置ベクトルは $\boldsymbol{\xi} = [x_0 \ y_0]^T$ で表されるものとする．一般化座標を $\boldsymbol{q} = [x_G \ y_G \ \theta]^T$ とする．また，剛体の重心 G を示す位置ベクトル $\boldsymbol{p}$ は，

$$\boldsymbol{p} = \boldsymbol{\xi} + \boldsymbol{A}\boldsymbol{r} = \begin{bmatrix} x_0 \\ y_0 \end{bmatrix} + \begin{bmatrix} \cos\theta & -\sin\theta \\ \sin\theta & \cos\theta \end{bmatrix}\begin{bmatrix} -a \\ 0 \end{bmatrix}$$

と表される．したがって，移動する支持点で剛体が結合されているという位置の拘束条件は

$$\bm{g}(\bm{q}) = \bm{p} - \bm{\xi} - \bm{A}\bm{r} = \begin{bmatrix} x_G - x_0 + a\cos\theta \\ y_G - y_0 + a\sin\theta \end{bmatrix} = \bm{0} \quad \text{(A.53)}$$

である．これより，ヤコビアンマトリクスは

$$\bm{g}_q = \begin{bmatrix} 1 & 0 & -a\sin\theta \\ 0 & 1 & +a\cos\theta \end{bmatrix} \quad \text{(A.54)}$$

であるので，

$$\bm{g}_q \ddot{\bm{q}} = -(\bm{g}_q \dot{\bm{q}})_q \dot{\bm{q}} - 2\bm{g}_{qt}\dot{\bm{q}} - \bm{g}_{tt} = \begin{bmatrix} a\dot{\theta}^2 \cos\theta \\ \ddot{y}_0 + a\dot{\theta}^2 \sin\theta \end{bmatrix} \quad \text{(A.55)}$$

となる．以上より，微分代数方程式

$$\begin{bmatrix} \bm{M} & \bm{g}_q^T \\ \bm{g}_q & 0 \end{bmatrix} \begin{bmatrix} \ddot{\bm{q}} \\ \bm{\lambda} \end{bmatrix} = \begin{bmatrix} \bm{Q} \\ \bm{\gamma} \end{bmatrix} \quad \text{(A.56)}$$

を得ることができる．式中の各要素は以下のようになる．

$$\begin{bmatrix} m & 0 & 0 & 1 & 0 \\ 0 & m & 0 & 0 & 1 \\ 0 & 0 & I_G & -a\sin\theta & a\cos\theta \\ 1 & 0 & -a\sin\theta & 0 & 0 \\ 0 & 1 & a\cos\theta & 0 & 0 \end{bmatrix} \begin{bmatrix} \ddot{x}_G \\ \ddot{y}_G \\ \ddot{\theta} \\ \lambda_x \\ \lambda_y \end{bmatrix}$$

$$= \begin{bmatrix} mg \\ 0 \\ -k\theta \\ \ddot{x}_0 + a\dot{\theta}^2 \cos\theta \\ \ddot{y}_0 + a\dot{\theta}^2 \cos\theta \end{bmatrix} \quad \text{(A.57)}$$

さらに，5.3節での検討と同様に，この式を書き下すと，

$$m\ddot{x}_G + \lambda_x = mg$$
$$m\ddot{y}_G + \lambda_y = 0$$
$$I_G \ddot{\theta} - a\lambda_x \sin\theta + a\lambda_y \cos\theta = -k\theta$$
$$\ddot{x}_G = a\ddot{\theta}\sin\theta + a\dot{\theta}^2 \cos\theta$$
$$\ddot{y}_G = \ddot{y}_0 - a\ddot{\theta}\cos\theta + a\dot{\theta}^2 \sin\theta$$

である．これを整理すると，

$$(I_G - ma^2)\ddot{\theta} + ma(g - \sin\theta - \ddot{y}_0 \cos\theta) = -k\theta \quad \text{(A.58)}$$

ただし

$$\ddot{y}_0 = -d\omega^2 \sin\omega t \tag{A.59}$$

を得る．このように，支持端の位置 (x_0, y_0) が任意に与えられると，回転運動に対する重力効果が増減し，また重心周りの水平方向モーメントが新たに加わることがわかる．このことは物理的直感によく合っている．

6章の解答

解答 6.1 式 (6.43) に (6.44) を代入し，両辺に ε をかけ，$\sigma = \varepsilon\hat{\sigma}$，$d/dt = \varepsilon D_1$，$a_e^* = \varepsilon\hat{a}_e$ を考慮すると得られる．

解答 6.2

(a) 物体の重さは $5 \times 9.8 \text{(kg)} = 49 \text{(N)}$ である．したがってグラフより，浮上高さは約 $1 \times 10^{-2}\text{(m)}$ である．

(b) $\omega = \sqrt{k_1/m} = \sqrt{7.5 \times 10^3/5} = 39\text{(rad/s)}$ (6.2(Hz))

(c) 式 (6.12) より，$\alpha_2 = k_2 x_{st}/k_1 = 3.3 \times 10^3 \times 1 \times 10^{-2}/(7.5 \times 10^3) = 4.4 \times 10^{-3}$

(d) $\nu^* = 2 \pm \alpha_2 a_e^* = 2 \pm 4.4 \times^{-3} a_e^*$

(e) $\nu = 2 \times \omega \pm (\omega \times 4.4 \times 10^{-3}/x_{st})x_{st} a_e^* = 78 \times 17 a_e \text{(rad/s)}$，Hz で表示すると $\nu/(2\pi) = 12 \pm 2.17 \times a_e \text{(Hz)}$ のように表せる．ここで加振振幅 a_e の単位は m である．

解答 6.3 図 A.3 のように表せる．

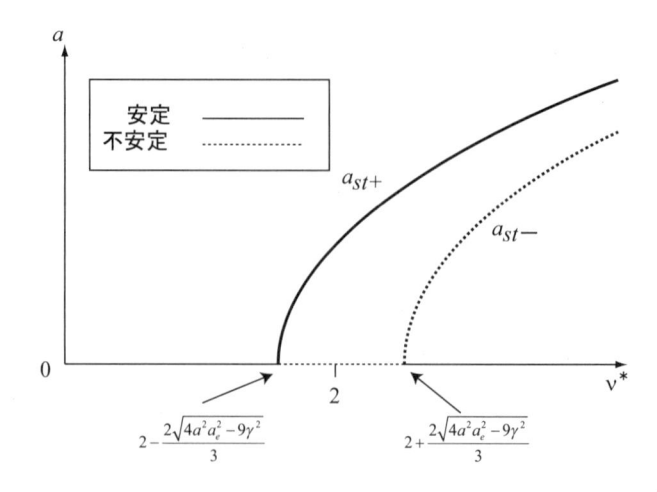

図 **A.3** 周波数応答曲線 $(9\alpha_3 - 10\alpha_2^2 > 0$ の場合$)$

解答 6.4

(a)

(i)
$$m\frac{d^2x'}{dt^2} = -\frac{ki^2}{\Delta x^2} + mg \tag{A.60}$$

さらに，$\Delta x = x'$ であるから，
$$m\frac{d^2x'}{dt^2} = -\frac{ki^2}{x'^2} + mg \tag{A.61}$$

(ii)
$$0 = -\frac{ki^2}{x'^2} + mg, \qquad x_{st} = \sqrt{\frac{k}{mg}}i_0 \tag{A.62}$$

(iii) $\Delta x = x' = x + x_{st}$ と置くと，
$$\frac{d^2x}{dt^2} + 2\frac{kk_2 i_0^2}{mx_{st}^2}\frac{dx}{dt} + \frac{ki_0^2}{mx_{st}^3}(k_1 x_{st} - 1)x = 0 \tag{A.63}$$

上式は，ばね－質量－ダンパー系の支配方程式と同じ形をしているので，$k_1 > 1/x_{st}$, $k_2 > 0$ のように設定すれば，電磁石はギャップ x_{st} で浮上する．

(iv)
$$\ddot{x}^* + x^* + \alpha_2 x^{*2} + \alpha_3 x^{*3} + (\beta_0 + \beta_1 x^* + \beta_2 x^{*2})\dot{x}^* = 0 \tag{A.64}$$

ここで，
$$\alpha_2 = \frac{k_1^2 x_{st}^2 - 4k_1 x_{st}}{2k_1 x_{st} - 2}, \quad \alpha_3 = \frac{k_1^2 x_{st}^2}{1 - k_1 x_{st}},$$
$$\beta_0 = \frac{k_2}{T(k_1 x_{st} - 1)}, \quad \beta_1 = -\frac{(k_1 k_2 x_{st} - 2k_2)x_{st}}{(k_1 x_{st} - 1)T},$$
$$\beta_2 = \frac{2k_1 k_2 x_{st}^2}{(k_1 x_{st} - 1)T} \tag{A.65}$$

(b)

(i) この場合式 (A.60) の右辺の x' は $x' = x + x_{st}$ のように表せ，左辺の Δx は $\Delta x = x_{st} + x - x_g$ のように表せる．

したがって $|x - x_g|/x_{st}$ の範囲で考える場合，式 (A.64) の x^* を $x^* - x_g^*$ に，$\dot{x}^*$ を $\dot{x}^* - \dot{x}_g^*$ に書き替えればよいことがわかる．$2\pi Tv/l = v^*$ とすると
$$x_g^* = x_g/x_{st} = \frac{a_g}{x_{st}}\sin\left(2\pi\frac{T}{l}vt^*\right) \equiv a_g^* \sin v^* t^*$$
$$\dot{x}_g^* = \dot{x}_g/x_{st} = v^* a_g^* \cos v^* t^*$$

であるので，無次元運動方程式は以下のようになる．

$$\ddot{x}^* + (x^* - x_g^*) + \alpha_2(x^* - x_g^*)^2 + \alpha_3(x^* - x_g^*)^3$$
$$+ \left\{\beta_0 + \beta_1(x^* - x_g^*) + \beta_2(x^* - x_g^*)^2\right\}(\dot{x}^* - \dot{x}_g^*) = 0$$
(A.66)

(ii) 2次，3次の非線形項があるので，無次元走行速度 v^* が無次元固有振動数 1 の $1/2, 1/3, 2, 3$ 倍の時，それぞれ 2 次，3 次の超調波共振，2 次，3 次の分数調波共振の発生が予測できる．

7章の解答

解答 7.1

(1) 平衡点近傍で外乱を与えると，重力によるモーメント > 流体力によるモーメントとなり，$\theta = 0$ に戻る．→ 安定

(2) 平衡点近傍で正の外乱を与えると，重力によるモーメント > 流体力によるモーメントとなり，また平衡点近傍で負の外乱を与えると，重力によるモーメント < 流体力によるモーメントとなるため，平衡点に収束する．→ 安定

(3) 平衡点近傍で外乱を与えると，重力によるモーメント < 流体力によるモーメントとなり，$\theta = 0$ に戻らない．→ 不安定

解答 7.2 臨界流速 v_{cr} は

$$v_{cr} = \sqrt{(M+m)lg/M}$$

と表される．これに各値を代入すると $v_{cr} = 3.83 \text{(m/s)}$ となる．

座屈角は式 (7.17) より

$$\theta = 22.9°$$

となる．

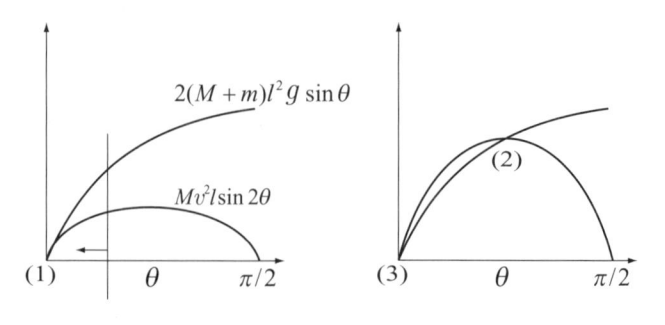

図 **A.4**

索　引

ア　行

一般化座標 generalized coordinates, 79

運動量 momentum, 34, 116

永年項 secular term, 27
エッセンシャルモデル an essential model, 2

オーダ評価 order estimates, 4

カ　行

解の物理的意味 physical meaning of solution, 2
角運動量 angular momentum, 34
慣性モーメント moment of inertia, 54

機械システム mechanical systems, 2
危険速度 critical speed, 44
境界条件 boundary condition, 60
曲率半径 radius of curvature, 55

クランク crank, 72

係数励振 parametric resonance, 98, 99
減衰係数 damping coefficient, 19

項 term, 8
拘束条件 constraint condition, 77
拘束力 constraint force, 77, 79

剛体の力学 dynamics of a rigid body, 31
固定座標系 fixed system of co-ordinates, 33
固有振動モード natural modes of vibration, 61
固有振動モードの直交性 orthogonality of natural modes, 61
コンロッド connecting rod, 72

サ　行

座屈 buckling, 102
座屈現象 buckling phenomena, 122
サドルノード分岐 saddlenode bifurcation, 103
作用・反作用 action and reaction, 116

ジェフコットロータ Jeffcot rotor, 32
時間尺度 time scale, 100
磁気浮上 magnetic levitation, 93
磁気浮上列車 magnetically levitated vehicle, 111
自己調心効果 self-adjusting, 45
質点系の力学 dynamics of particles, 13
質点の力学 dynamics of a particle, 13
質量中心 center of mass, 34
従属変数 dependent valuable, 98
振動緩和 mechanical relaxation, 14

スライダ slider, 72

摂動法 perturbation method, 100

双曲線関数 hyperbolic functions, 60
族 family, 8

タ 行

代表尺度 characteristic scale, 3
多重尺度法 the method of multiple scales, 106
多体系動力学 multibody dynamics, 71, 72
ダンパー damper, 19
断面2次モーメント moment of inertia of cross-section, 54

テイラー展開 Taylor expansion, 95
ディラックのデルタ関数 Dirac delta function, 65
電磁吸引力 magnetic absorptive force, 112

動吸振器 dynamic damper, 22
同次解 homogeneous solution, 9
同次項 homogeneous term, 98
特解 particular solution, 8
トラスクリティカル分岐 trans-critical bifurcation, 103

ナ 行

粘性減衰 viscous damping, 102

ハ 行

ハミルトンの原理 Hamilton's principle, 84
はり beam, 50

非線形系の動力学 nonlinear dynamics, 93
非線形項 nonlinear term, 96
ピッチフォーク分岐 pitchfork bifurcation, 103

非同次項 nonhomogeneous term, 98
微分代数方程式 differential algebraic equation, 84

ふれまわり whirling, 44
分岐現象 bifurcation phenomenon, 105
分岐図 bifurcation diagram, 121
分岐点 bifuraction point, 121

平衡位置 equilibrium point, 94
偏心 eccentricity, 31

ホップ Hopf bifurcation 分岐, 103
ポテンシャル potential, 79

マ 行

マルチボディダイナミクス multibody dynamics, 71, 72

無次元運動方程式 dimensionless equation, 96
無次元化 nondimensionalization, 2
無次元振幅 nodimension amplitude, 16
無次元パラメータ dimensionless parameter, 3

モデリング modeling, 2

ヤ 行

ヤコビアン Jacobian, 80

ラ 行

ラグランジアン Lagrangian, 83
ラグランジュ関数 Lagrangian, 83
ラプラス変換 Laplace transform, 66

力学的エネルギ mechanical energy, 98, 99

流体関連振動 flow-induced vibration, 115
臨界流速 critical flow velocity, 121

連接棒 connecting rod, 72
連続体 continuous system, 50

――の非線形振動 nonlinear vibrations of continuous systems, 49
――の力学 dynamics of a continuous system, 49

著者略歴

吉沢正紹（よしざわ・まさつぐ）
- 1944年　神奈川県に生まれる
- 1973年　慶應義塾大学大学院理工学研究科博士課程機械工学専攻単位取得後退学
- 1978年　工学博士（慶應義塾大学）
- 現　在　慶應義塾大学大学院理工学研究科教授

藪野浩司（やぶの・ひろし）
- 1961年　東京都に生まれる
- 1990年　慶應義塾大学大学院理工学研究科博士課程機械工学専攻修了
  工学博士（慶應義塾大学）
  ローマ大学(University of Rome La Sapienza)・客員教授，
  筑波大学大学院システム情報工学研究科・教授を経て
- 現　在　慶應義塾大学大学院理工学研究科教授

大石久己（おおいし・ひさみ）
- 1959年　山梨県に生まれる
- 1984年　慶應義塾大学大学院理工学研究科修士課程機械工学専攻修了
- 1989年　工学博士（東京大学）
  東京大学生産技術研究所・助手，講師を経て
- 現　在　工学院大学工学部准教授

曄道佳明（てるみち・よしあき）
- 1962年　広島県に生まれる
- 1994年　慶應義塾大学大学院理工学研究科博士課程機械工学専攻修了
  工学博士（慶應義塾大学）
  東京大学生産技術研究所・助手を経て
- 現　在　上智大学理工学部教授

機械工学テキストシリーズ 1

機　械　力　学

定価はカバーに表示

2006年 4 月 30 日　初版第 1 刷
2009年 6 月 30 日　　　　第 2 刷

著　者　吉　沢　正　紹
　　　　大　石　久　己
　　　　藪　野　浩　司
　　　　曄　道　佳　明
発行者　朝　倉　邦　造
発行所　株式会社　朝倉書店

東京都新宿区新小川町 6-29
郵便番号　１６２-８７０７
電　話　03(3260)0141
FAX　03(3260)0180
http://www.asakura.co.jp

〈検印省略〉

© 2006〈無断複写・転載を禁ず〉

中央印刷・渡辺製本

ISBN 978-4-254-23761-0　C3353　Printed in Japan

工学院大 三浦宏文編著
グローバル機械工学シリーズ1
機 械 力 学
―機構・運動・力学―
23751-1 C3353　　　　　B5判 128頁 本体2900円

新世紀の教科書を明確に意識して「学生時代に何を習ったか」でなく，「何を理解できたか」という趣旨で記述。本書は，機構学を含めた機械力学を展開。ベクトルから始めて自由度を経て非線形振動まで演習問題を多用して本当の要点を詳述

麻生和夫・谷 順二・長南征二・林 一夫著
新機械工学シリーズ
機 械 力 学
23581-4 C3353　　　　　A5判 200頁 本体3600円

学生の理解を容易にするために，できるだけ多くの図や例題，演習問題をとり入れたSI単位によるテキスト。〔内容〕1自由度系の振動／2自由度系の振動／多自由度系の振動／回転機械の力学／往復機械の力学／連続弾性体の振動／非線形振動

東亜大 日高照晃・福山大 小田 哲・広島工大 川辺尚志・
愛媛大 曽我部雄次・島根大 吉田和信著
学生のための機械工学シリーズ1
機 械 力 学
23731-3 C3353　　　　　A5判 176頁 本体3200円

振動のアクティブ制御，能動制振制御など新しい分野を盛り込んだセメスター制対応の教科書。〔内容〕1自由度系の振動／2自由度系の振動／多自由度系の振動／連続体の振動／回転機械の釣り合い／往復機械／非線形振動／能動制振制御

幡中憲治・飛田守孝・吉村博文・岡部卓治・
木戸光夫・江原隆一郎・合田公一著
学生のための機械工学シリーズ4
機 械 材 料 学
23734-4 C3353　　　　　A5判 240頁 本体3700円

わかりやすく解説した教科書。〔内容〕個体の構造／結晶の欠陥と拡散／平衡状態図／転位と塑性変形／金属の強化法／機械材料の力学的性質と試験法／鉄鋼材料／鋼の熱処理／構造用炭素鋼／構造用合金鋼／特殊用途鋼／鋳鉄／非鉄金属材料／他

川北和明・矢部 寛・島田尚一・
小笹俊博・水谷勝己・佐木邦夫著
学生のための機械工学シリーズ7
機 械 設 計
23737-5 C3353　　　　　A5判 280頁 本体4200円

機械設計を系統的に学べるよう，多数の図を用いて機能別にやさしく解説。〔内容〕材料／機械部品の締結要素と締結法／軸および軸継手／軸受けおよび潤滑／歯車伝動(変速)装置／巻掛け伝動装置／ばね，フライホイール／ブレーキ装置／他

久曽神煌・矢鍋重夫・金子 覚・田辺郁男・
阿部雅二朗著
ニューテック・シリーズ
機械系のための 力 学
23721-4 C3353　　　　　A5判 164頁 本体3000円

運動方程式のたて方に重点をおいた教科書。〔内容〕質点の様々な運動／質点系の力学／剛体の並進運動と固定軸のまわりの回転運動／剛体の平面運動／仕事とエネルギ(質点・質点系・剛体の運動)／運動量と力積，衝突／他

前名大 山本敏男・愛知工大 太田 博著
機 械 力 学（増補改訂版）
23048-2 C3053　　　　　A5判 272頁 本体4200円

機械力学のもっとも基礎的な事項に重点をおき，平易かつ詳細に解説した教科書・参考書。SI単位使用。〔内容〕1自由度系～多自由度系の振動／自励振動／可変特性をもつ振動系／非線形振動系／回転体・回転軸の振動／往復機関の動力学／他

九大 金光陽一・九大 末岡淳男・九大 近藤孝広著
基礎機械工学シリーズ10
機 械 力 学
―機械系のダイナミクス―
23710-8 C3353　　　　　A5判 224頁 本体3400円

ますます重要になってきた運輸機器・ロボットの普及も考慮して，複雑な機械システムの動力学的問題を解決できるように，剛体系の力学・回転機械の力学も充実させた。また，英語力の向上も意識して英語による例題・演習問題も適宜挿入

前北大 入江敏博・北大 小林幸徳著
機 械 振 動 学 通 論（第3版）
23116-8 C3053　　　　　A5判 248頁 本体3600円

大好評を博した旧版を全面的に改訂。わかりやすい例題とていねいな記述を踏襲。〔内容〕振動に関する基礎事項／1自由度系の振動／他自由度系の振動／連続体の振動／非線形振動／ランダム振動／力学の諸原理と数値解析法／問題の解答

小口幸成編著 佐藤春樹・栩谷吉郎・伊藤定祐・
高石吉登・矢田直之・洞田 治著
機械工学テキストシリーズ2
熱 力 学
23762-7 C3353　　　　　B5判 184頁 本体3200円

ごく身近な熱現象の理解から，熱力学の基礎へと進む，初学者にもわかりやすい教科書。〔内容〕熱／熱現象／状態量／単位記号／温度／熱量／理想気体／熱力学の第一法則／第二法則／物質とその性質／各種サイクル／エネルギーと地球環境

中原一郎・渋谷寿一・土田栄一郎・笠野英秋・
辻 知章・井上裕嗣著
弾 性 学 ハ ン ド ブ ッ ク
23096-3 C3053　　　　　B5判 644頁 本体29000円

材料に働く力と応力の関係を知る手法が材料力学であり，弾性学である。本書は，弾性理論とそれに基づく応力解析の手法を集大成した，必備のハンドブック。難解な数式表現を避けて平易に説明し，豊富で具体的な解析例を収載しているので，現場技術者にも最適である。〔内容〕弾性学の歴史／基礎理論／2次元弾性理論／一様断面棒のねじり／一様断面ばりの曲げ／平板の曲げ／3次元弾性理論／弾性接触論／熱応力／動弾性理論／ひずみエネルギー／異方性弾性論／付録：公式集／他

上記価格（税別）は2009年4月現在